普通高等职业教育计算机系列规划教材

网络综合布线与施工项目教程

陈 晴　高曙光　主　编

於晓兰　副主编

电子工业出版社

Publishing House of Electronics Industry

北京·BEIJING

内容简介

本书共 6 章，包括综合布线系统概论、网络传输介质与布线常用设备、综合布线系统设计与实施、机房网络布线设计与实现、企业大厦网络布线设计与实现、校园网络布线设计与实现。各章节依据最新的职业教育理念进行设计，按实际工作岗位的典型工作任务组织内容，部分章节有丰富的实验和实例。本书是一本高质量的以项目式教学为主导，整合典型案例教学的教材。

本书理论清晰、技术实用，可作为高职高专综合布线课程的教材，也可供从事计算机系统集成、楼宇智能化工程相关工作的技术人员学习参考。

未经许可，不得以任何方式复制或抄袭本书之部分或全部内容。
版权所有，侵权必究。

图书在版编目（CIP）数据

网络综合布线与施工项目教程 / 陈晴，高曙光主编. —北京：电子工业出版社，2015.8
（普通高等职业教育计算机系列规划教材）
ISBN 978-7-121-26649-2

Ⅰ. ①网… Ⅱ. ①陈… ②高… Ⅲ. ①计算机网络－布线－高等职业教育－教材 Ⅳ. ①TP393.03

中国版本图书馆 CIP 数据核字（2015）第 161559 号

策划编辑：徐建军（xujj@phei.com.cn）
责任编辑：徐建军　　　特约编辑：俞凌娣　张祖凤
印　　刷：三河市鑫金马印装有限公司
装　　订：三河市鑫金马印装有限公司
出版发行：电子工业出版社
　　　　　北京市海淀区万寿路 173 信箱　邮编 100036
开　　本：787×1 092　1/16　印张：14.5　字数：371.2 千字
版　　次：2015 年 8 月第 1 版
印　　次：2017 年 1 月第 2 次印刷
印　　数：3 000 册　定价：35.00 元

凡所购买电子工业出版社图书有缺损问题，请向购买书店调换。若书店售缺，请与本社发行部联系，联系及邮购电话：（010）88254888。
质量投诉请发邮件至 zlts@phei.com.cn，盗版侵权举报请发邮件至 dbqq@phei.com.cn。
服务热线：（010）88258888。

前　言

　　本书紧紧围绕职业学校综合布线教育教学的要求，体现工学结合、校企合作的课程改革思路，从综合布线工程的角度出发，以国家标准《综合布线系统工程设计规范》（GB 50311—2007）和《综合布线系统工程验收规范》（GB 50312—2007）的要求为主线，按工学一体化、任务驱动式、案例式教学等课程改革创新思想编写。本书融入了综合布线系统工程的新概念、新技术、新工艺、新设备、新材料、新思路；概念简洁、层次分明、叙述清楚、图文并茂、张弛有度、生动灵活，实用性很强。

　　综合布线作为高校计算机网络专业和楼宇智能化工程专业的重要课程，在专业技能培养方面有着关键性的作用。但现有的教材特色不够鲜明，理论与实践结合不理想，没有体现工作岗位需求；不能很好地适应高校特别是高职学生的特点，也不能满足职业岗位对高职学生的要求。

　　本书在理论够用的前提下，深究综合布线的技能点，通过任务驱动迅速提高学生的综合布线的职业技能；通过综合布线工程案例为学生营造一个激发兴趣、拓宽视野、启迪才智、提高素质的平台；力求在思考问题的方法、探索知识的兴趣、关注市场的习惯、创新求真的氛围等方面进行强化，为广大综合布线技术爱好者可持续发展引领一个新的高度。

　　本书从学习者认知过程和视角出发，介绍综合布线的基础知识、设计方法、施工技术、测试内容和验收鉴定的过程，并通过两种典型的应用场景——企业大厦、数字化校园的综合案例，将各种知识和技术进行串联和贯通。

　　本书有知识概念介绍、有工作任务讲解、有实训实验演练，体现了学与做结合、理论与实践结合、知识体系与工作过程的结合。

　　本书由武汉职业技术学院计算机技术与软件工程学院的教师组织编写，其中，第1、2章由陈晴编写，第3、4、5章由於晓兰编写，第6章由高曙光编写。全书由高曙光统稿。

　　本书在编写过程中参考了参考文献中的部分内容，谨在此向其作者致以衷心的感谢！

　　为了方便教师教学，本书配有电子教学课件，请有此需要的教师登录华信教育资源网（www.hxedu.com.cn）注册后免费进行下载，如有问题可在网站留言板留言或与电子工业出版社联系（E-mail：hxedu@phei.com.cn）。

　　虽然我们精心组织，努力工作，但错误之处在所难免；同时由于编者水平有限，书中也存在诸多不足之处，恳请广大读者朋友们给予批评和指正。

编　者

目 录 Contents

第1章 综合布线系统概论 (1)
- 1.1 综合布线系统的起源 (1)
  - 1.1.1 智能建筑的兴起 (1)
  - 1.1.2 智能建筑的概念 (2)
  - 1.1.3 智能建筑的组成和功能 (3)
  - 1.1.4 智能建筑与综合布线的关系 (5)
- 1.2 综合布线系统工程概述 (5)
  - 1.2.1 综合布线系统的概念 (5)
  - 1.2.2 综合布线系统的组成 (6)
  - 1.2.3 综合布线系统的特点 (7)
  - 1.2.4 综合布线系统适用范围 (8)
  - 1.2.5 综合布线系统的产品及选型原则 (9)
  - 1.2.6 综合布线系统工程质量 (9)
  - 1.2.7 综合布线设计要领 (10)
- 1.3 综合布线系统的标准 (11)
  - 1.3.1 综合布线系统的标准 (11)
  - 1.3.2 综合布线标准要点 (11)
- 1.4 综合布线系统的设计等级 (12)
  - 1.4.1 基本型综合布线系统 (12)
  - 1.4.2 增强型综合布线系统 (13)
  - 1.4.3 综合型综合布线系统 (13)
- 1.5 综合布线系统的发展 (14)
  - 1.5.1 集成布线系统 (14)
  - 1.5.2 智能大厦布线 (14)
  - 1.5.3 微型计算机的硬件配置 (15)
- 思考与练习 (15)

第 2 章 网络传输介质与布线常用设备 (16)

2.1 网络传输介质概述 (16)
2.1.1 双绞线和双绞线电缆 (16)
2.1.2 光纤和光缆 (17)
2.1.3 同轴电缆 (19)
2.1.4 无线介质 (19)
2.1.5 传输介质的选择 (20)

2.2 双绞线及其传输特性 (21)
2.2.1 双绞线的结构 (21)
2.2.2 双绞线的分类 (21)
2.2.3 双绞线的性能指标 (22)
2.2.4 常用的品牌双绞线电缆 (24)
2.2.5 常用双绞线选购 (24)

2.3 光纤及其传输特性 (25)
2.3.1 光纤的结构 (25)
2.3.2 光纤的分类 (26)
2.3.3 光纤的连接方式 (26)
2.3.4 光纤的物理特性 (26)
2.3.5 光纤的传输特性 (27)
2.3.6 光纤的性能指标 (28)
2.3.7 光纤通信系统及其构成 (28)
2.3.8 常用光纤种类 (29)

2.4 布线常用设备 (30)
2.4.1 信息插座 (30)
2.4.2 网络线缆连接器 (34)
2.4.3 配线架 (40)
2.4.4 管材和桥架 (43)
2.4.5 电缆支撑硬件 (45)
2.4.6 机柜 (46)
2.4.7 常用工具 (47)

实训 1 水晶头端接和跳线制作 (47)
实训 2 信息模块的制作 (50)
实训 3 光纤的熔接 (50)
思考与练习 (56)

第 3 章 综合布线系统设计与实施 (57)

3.1 工作区子系统 (58)
3.1.1 设计要点 (58)
3.1.2 布线方案 (59)
3.1.3 布线材料及设备的选择 (60)
3.1.4 工作区子系统的安装技术 (61)

目 录

- 3.2 水平子系统 ·· (65)
  - 3.2.1 水平子系统设计规范 ·· (65)
  - 3.2.2 布线材料 ·· (67)
  - 3.2.3 布线方案 ·· (68)
  - 3.2.4 水平子系统的安装技术 ··· (70)
- 3.3 垂直干线子系统 ··· (72)
  - 3.3.1 设计要点 ·· (73)
  - 3.3.2 布线材料 ·· (75)
  - 3.3.3 布线方法 ·· (75)
  - 3.3.4 垂直子系统的安装技术 ··· (76)
- 3.4 管理间子系统 ··· (77)
  - 3.4.1 设计要点 ·· (78)
  - 3.4.2 设计步骤 ·· (79)
  - 3.4.3 管理间子系统的安装技术 ·· (79)
- 3.5 设备间子系统 ··· (85)
  - 3.5.1 设计要点 ·· (86)
  - 3.5.2 设计步骤 ·· (86)
  - 3.5.3 设备间子系统的安装技术 ·· (90)
- 3.6 建筑群子系统 ··· (91)
  - 3.6.1 建筑群子系统设计规范 ··· (92)
  - 3.6.2 建筑群子系统设计步骤 ··· (92)
  - 3.6.3 布线方案 ·· (94)
  - 3.6.4 建筑群布线的安全防护 ··· (97)
  - 3.6.5 建筑群子系统的安装技术 ·· (97)
- 实训 综合布线工程方案设计 ·· (100)
- 练习题 ·· (101)

第 4 章 机房网络布线设计与实现 ·· (102)

- 4.1 项目引入 ·· (102)
- 4.2 项目准备 ·· (102)
  - 4.2.1 网络机房综合布线标准 ··· (102)
  - 4.2.2 网络综合布线工作过程 ··· (104)
- 4.3 任务 1——机房网络布线需求分析 ·· (105)
- 4.4 任务 2——机房网络布线的设计 ·· (106)
- 4.5 任务 3——机房网络布线的施工 ·· (110)
  - 4.5.1 施工前的检查 ·· (110)
  - 4.5.2 传输通道的施工 ··· (111)
  - 4.5.3 设备环境的安装 ··· (114)
  - 4.5.4 双绞线的布放 ·· (117)
  - 4.5.5 光缆的布放 ··· (119)
- 4.6 任务 4——机房网络布线的测试验收 ··· (123)

4.6.1　双绞线传输测试 ………………………………………………………（123）
　　　4.6.2　光缆的传输测试 ………………………………………………………（127）
　项目小结 …………………………………………………………………………………（128）
　实训 1　信息点端口对应表的制作 ……………………………………………………（128）
　实训 2　机柜的安装 ……………………………………………………………………（129）
　实训 3　配线设备的安装 ………………………………………………………………（130）
　实训 4　网络配线架的端接 ……………………………………………………………（131）
　实训 5　110 语音配线架的端接 ………………………………………………………（132）
　实训 6　综合布线工程测试实训 ………………………………………………………（133）
　练习题 ……………………………………………………………………………………（138）

第 5 章　企业大厦网络布线设计与实现 ……………………………………………（139）

　5.1　项目引入 …………………………………………………………………………（139）
　5.2　项目准备 …………………………………………………………………………（139）
　　　5.2.1　工程项目的招投标 ………………………………………………………（139）
　　　5.2.2　招标文件的编制 …………………………………………………………（144）
　　　5.2.3　投标文件的编制 …………………………………………………………（146）
　　　5.2.4　Visio 软件操作 ……………………………………………………………（147）
　5.3　任务 1——企业大厦网络布线需求分析 ………………………………………（152）
　　　5.3.1　智能大厦 …………………………………………………………………（152）
　　　5.3.2　网络布线需求分析 ………………………………………………………（153）
　5.4　任务 2——企业大厦综合布线设计 ……………………………………………（154）
　　　5.4.1　系统设计原则及依据 ……………………………………………………（154）
　　　5.4.2　方案设计 …………………………………………………………………（155）
　5.5　任务 3——企业大厦综合布线施工测试 ………………………………………（162）
　　　5.5.1　布线系统设计说明 ………………………………………………………（162）
　　　5.5.2　PDS 管线方案 ……………………………………………………………（163）
　　　5.5.3　施工组织计划 ……………………………………………………………（164）
　　　5.5.4　系统的调测及验收 ………………………………………………………（166）
　项目小结 …………………………………………………………………………………（169）
　实训 1　编写网络布线招投标文件 ……………………………………………………（173）
　实训 2　使用 Visio 绘制网络拓扑图、施工图 ………………………………………（174）
　实训 3　PVC 线管布线 …………………………………………………………………（176）
　实训 4　PVC 线槽布线 …………………………………………………………………（177）
　实训 5　综合布线工程验收实训 ………………………………………………………（179）
　练习题 ……………………………………………………………………………………（181）

第 6 章　校园网络布线设计与实现 ……………………………………………………（182）

　6.1　项目引入 …………………………………………………………………………（182）
　6.2　项目准备 …………………………………………………………………………（182）
　　　6.2.1　校园网概念 ………………………………………………………………（182）
　　　6.2.2　数字化校园 ………………………………………………………………（183）

6.2.3　校园网中综合布线的互联设备 …………………………………………（183）
6.3　任务1——校园网络布线需求分析 ……………………………………………………（185）
　　6.3.1　设计目标 ………………………………………………………………………（185）
　　6.3.2　校园网网络拓扑结构 …………………………………………………………（185）
　　6.3.3　校园网信息点分布说明 ………………………………………………………（186）
　　6.3.4　新综合教学楼信息点分布表 …………………………………………………（186）
6.4　任务2——数字校园中防雷接地设计 …………………………………………………（187）
　　6.4.1　设计依据及原则 ………………………………………………………………（187）
　　6.4.2　接地保护 ………………………………………………………………………（188）
6.5　任务3——校园光纤布线设计与施工 …………………………………………………（188）
　　6.5.1　工程设计的原则和内容 ………………………………………………………（188）
　　6.5.2　传输的设计 ……………………………………………………………………（189）
　　6.5.3　光缆选型 ………………………………………………………………………（189）
　　6.5.4　光缆布线 ………………………………………………………………………（190）
6.6　综合布线系统工程概预算 ………………………………………………………………（191）
　　6.6.1　综合布线系统工程概预算概述 ………………………………………………（191）
　　6.6.2　综合布线工程的工程量计算原则 ……………………………………………（193）
　　6.6.3　综合布线工程概预算的步骤程序 ……………………………………………（193）
　　6.6.4　综合布线系统的预算设计方式 ………………………………………………（194）
　　6.6.5　建筑与建筑群综合布线系统预算定额参考 …………………………………（195）
实训1　使用AutoCAD绘制综合布线图 ……………………………………………………（203）
实训2　室内多模主干光缆接头施工 …………………………………………………………（205）
实训3　综合布线性能认证测试 ………………………………………………………………（213）
练习题 …………………………………………………………………………………………（218）

参考文献 ……………………………………………………………………………………（219）

第1章 综合布线系统概论

综合布线系统作为智能建筑的重要组成部分，是智能建筑具有各种智能和自动控制功能的基础和前提，是智能建筑内的一条信息高速公路。本章从智能建筑的概念、组成和功能及智能建筑与综合布线的关系出发，主要介绍综合布线系统的概念、组成、特点、设计等级和国内外主要综合布线的标准。

1.1 综合布线系统的起源

综合布线系统是智能建筑的重要组成部分，是智能建筑内的一条信息高速公路，它的质量直接决定了整个智能系统的性能。它随着智能建筑的兴起而不断发展。

1.1.1 智能建筑的兴起

智能建筑（或智能大厦，Intelligent Building，IB）是信息时代的必然产物，是计算机技术、通信技术、控制技术与建筑技术密切结合的结晶。随着全球社会信息化与经济国际化的深入发展，智能建筑已成为各国综合经济实力的具体象征，也是各大跨国企业集团国际竞争实力的形象标志。同时，在国内外正在加速建设信息高速公路的今天，智能建筑也是"信息高速公路（Information Super Highway）"的主结点。因此，各国政府的大机关、各跨国集团公司都在竞相实现其办公大楼智能化。可见兴建智能型建筑已成为当今跨世纪性的发展目标。

智能建筑系统功能设计的核心是系统集成设计。智能建筑物内信息通信网络的实现，是智能建筑系统功能上系统集成的关键。

智能建筑起源于美国。当时，美国的跨国公司为了提高国际竞争能力和应变能力，适应信息时代的要求，纷纷以高科技装备大楼（Hi-Tech Building），如美国国家安全局和"五角大楼"，对办公和研究环境积极进行创新和改进，以提高工作效率。早在1984年1月，由美国联合技术公司（UTC）在美国康涅狄格州（Connecticut）哈特福德市（Hartford），将一幢旧金融大厦进行改建。改建后的大厦，称为都市大厦（City Palace Building）。它的建成可以说完成了传统建筑与新兴信息技术相结合的尝试。楼内主要增添了计算机、数字程控交换机等先进的办公设备及高速通信线路等基础设施。大楼的客户不必购置设备便可进行语音通信、文字处理、电子邮件传递、市场行情查询、情报资料检索、科学计算等服务。此外，大楼内的暖通、给排水、消防、保安、供配电、照明、交通等系统均由计算机控制，实现了自动化综合管理，使用户感到更加舒适、方便和安全，引起了世人的关注。从而第一次出现了"智能建筑"这一名称。

随后，智能建筑蓬勃兴起，以美国、日本兴建最多。在法国、瑞典、英国、泰国、新加坡等国家和我国的香港、台湾等地区也方兴未艾，形成在世界建筑业中智能建筑一枝独秀的局面。在步入信息社会和国内外正加速建设"信息高速公路"的今天，智能建筑越来越受到我国政府和企业的重视。智能建筑的建设已成为一个迅速成长的重要产业。这些年，国内建造的很多大厦成为名副其实的智能建筑，如北京的京广中心、中华大厦，上海的博物馆、金茂大厦、浦东上海证券交易大厦，广东的国际大厦，深圳的深房广场，等等。

1.1.2 智能建筑的概念

1. 智能建筑的概念

智能化建筑的发展历史较短，有关智能建筑的系统描述很多，目前尚无统一的概念。这里主要介绍美国智能化建筑学会（American Intelligent Building Institute，AIBI）对智能建筑下的定义：智能建筑（Intelligent Building）是将结构、系统、服务、管理进行优化组合，获得高效率、高功能与高舒适性的大楼，从而为人们提供一个高效和具有经济效益的工作环境。

鉴于智能建筑的多学科交叉、多技术系统综合集成的特点，下面的定义也许更全面、更清楚：智能建筑是指利用系统集成方法，将计算机技术、通信技术、控制技术与建筑艺术有机结合，通过对设备的自动监控，对信息资源的管理和对使用者的信息服务及其与建筑的优化组合，所获得的投资合理、适合信息社会要求，并且具有安全、高效、舒适、便利和灵活特点的建筑物。

根据上述定义可见，智能建筑是多学科、跨行业的系统工程。它是现代高新技术的结晶，是建筑艺术与信息技术相结合的产物。随着微电子技术的不断发展，通信、计算机的应用普及，建筑物内的所有公共设施都可以采用"智能"系统来提高大楼的服务能力。

2. 智能建筑的特征

智能建筑是社会信息化和经济国际化的必然产物，是多学科、高新技术的有机集成。

智能系统所用的主要设备通常放置在智能化建筑物内的系统集成中心（System Integrated Center，SIC）。它通过建筑物综合布线（Generic Cabling，GC）与各种终端设备，如通信终端（电话机、传真机等）和传感器（如烟雾、压力、温度、湿度等传感器）连接，"感知"建筑内各个空间的"信息"，通过计算机处理，再通过通信终端或控制终端（如步进电机、各种阀门、电子锁、开关等）作出相应的反应，使大楼具有某种"智能"。试想一下，如果建筑物的使用者和管理者可以对大楼的供配电、空调、给排水、照明、消防、保安、交通、数据通信等全套设施都实施按需服务控制，那么，大楼的管理和使用效率将大大提高，而能耗的开销也会降低，这样的建筑又有谁不喜欢？

智能化建筑通常具有四大主要特征，即建筑物自动化（Building Automation，BA）、通信自动化（Communication Automation，CA）、办公自动化（Office Automation，OA）、布线综合

化。前三化就是所谓"3A"(智能建筑)。目前,有的房地产开发商为了更突出某项功能,提出防火自动化(Fire Automation, FA),以及把建筑物内的各个系统综合起来管理,形成管理自动化(Maintenance Automation, MA),加上"FA"和"MA",便成为"5A",但从国际上来看,通常定义 BA 系统包括 FA 系统,而 OA 系统包括 MA 系统。智能建筑结构示意图如图 1.1 所示。

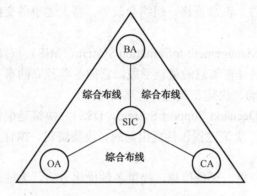

图 1.1　智能建筑结构示意图

由图 1.1 可知,智能建筑是由智能化建筑环境内的系统集成中心利用综合布线连接并控制"3A"系统组成的。

1.1.3　智能建筑的组成和功能

在智能建筑环境内体现智能功能的主要有 SIC、GC 和 3A 系统等 5 个部分。其中,系统组成和功能示意图如图 1.2 所示。

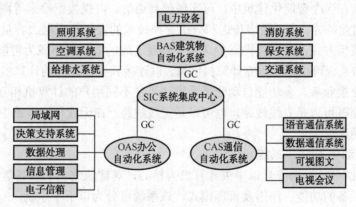

图 1.2　智能建筑的系统组成和功能示意图

1. 系统集成中心(SIC)

SIC 应具有各个智能化系统信息汇集和各类信息综合管理的功能。具有对建筑物内的信息进行实时处理及信息通信能力。

2. 综合布线(GC)

综合布线是由线缆及相关连接硬件组成的信息传输通道。它是智能建筑连接"3A"系统各类信息必备的基础设施(Infrastructure)。它采用积木式结构、模块化设计、统一的技术标准满足智能建筑信息传输的要求。

3. 办公自动化（OA）系统

办公自动化系统是把计算机技术、通信技术、系统科学及行为科学，应用于传统的数据处理技术所难以处理的、数量庞大且结构不明确的业务上。主要有以下3项任务：

（1）电子数据处理（Electronic Data Processing，EDP）。处理办公中大量烦琐的事务性工作，如发送通知、打印文件、汇总表格、组织会议等。将上述事务交给机器来完成，以达到提高工作效率，节省人力的目的。

（2）管理信息系统（Management Information System，MIS）。对信息流的控制管理是每个部门最本质的工作。OA是管理信息的最佳手段，它把各项独立的事务处理通过信息交换和资源共享联系起来以获得准确、快捷、及时、优质的功效。

（3）决策支持系统（Decision Support System，DSS）。决策是根据预定目标作出的行动决定，是高层次的管理工作。决策过程包括提出问题、收集资料、拟订方案、分析评价、最后选定等一系列的活动。

OA系统，能自动地分析、采集信息，提供各种优化方案，为辅助决策者作出正确、迅速的决定。

4. 通信自动化（CA）系统

通信自动化系统能高速进行智能建筑物内各种图像、文字、语音及数据之间的通信。它同时与外部通信网相连，交流信息。通信自动化系统可分为语音通信、图文通信及数据通信三个子系统。

（1）语音通信系统可给用户提供预约呼叫、等待呼叫、自动重拨、快速拨号、转移呼叫、直接拨入，能接收和传递信息的小屏幕显示、用户账单报告、屋顶远程端口卫星通信、语音邮政等上百种不同特色的通信服务。

（2）图文通信在当今智能化建筑中，可实现传真通信、可视数据检索等图像通信、文字邮件、电视会议通信业务等。由于数字传送和分组交换技术的发展及采用大容量高速数字专用通信线路实现多种通信方式，使得根据需要选定经济而高效的通信线路成为可能。

（3）数据通信系统可供用户建立计算机网络，以连接其办公区内的计算机及其他外部设备来完成电子数据交换业务。多功能自动交换系统还可使不同用户的计算机相互进行通信。

通信传输线路既可以是有线线路，也可以是无线线路。在无线传输线路中，除微波、红外线外，主要是利用通信卫星。

5. 建筑物自动化（BA）系统

建筑物自动化（BA）系统是以中央计算机为核心，对建筑物内的设备运行状况进行实时控制和管理，按设备的功能、作用及管理模式，该系统可分为以下子系统：

（1）火灾报警与消防联动控制系统。
（2）空调及通风监控系统。
（3）供配电及备用应急电站的监控系统。
（4）照明监控系统。
（5）保安监控系统。
（6）给排水监控系统。
（7）交通监控系统。

其中，交通监控系统包括电梯监控系统和停车场自动监控管理系统；保安监控系统包括紧急广播系统和巡更对讲系统。

建筑物自动化系统日夜不停地对建筑的各种机电设备的运行情况进行监控，采集各处现场资料，自动加以处理，并按预置程序和随机指令进行控制。既可节约能源，提高经济效益，又可确保建筑物设备的运行安全。

1.1.4 智能建筑与综合布线的关系

应该看到，土木建筑，百年大计，一次性的投资很大。在当前国力尚不富裕的情况下，全面实现建筑智能化是有难度的，然而又不能等到资金全部到位，再去开工建设。这样会失去时间和机遇。对于每个跨世纪的高层建筑，一旦条件成熟需要改造升级为智能建筑，也是不容置疑的。这些可能是目前高层建筑普遍存在的一个突出矛盾。如何解决当前和未来的统一？综合布线是解决这一矛盾的最佳途径。

综合布线只是智能建筑的一部分，它犹如智能建筑物内的一条高速公路，我们可以统一规划、统一设计，在建筑物建设阶段投资整个建筑物3%～5%的资金，将连接线缆综合布在建筑物内。至于楼内安装或增设什么应用系统，这就完全可以根据时间和需要、发展与可能来决定了。只要有了"高速公路"，有了综合布线这条信息高速公路，想跑什么"车"，想上什么应用系统，那就变得非常简单了。尤其目前兴建跨世纪的高大楼群，如何与时代同步，如何能适应科技、发展的需要，又不增加过多的投资，目前看来综合布线平台是最佳选择。否则不仅为高层建筑将来的发展带来很多后遗症，并且一旦打算向智能建筑靠拢时，要花费更多的投资，这是十分不合理的。

1.2 综合布线系统工程概述

综合布线是在计算机技术和通信技术发展的基础上进一步适应社会信息化的需要，也是办公、安防自动化进一步发展的结果。综合布线涉及楼宇自动化系统、通信自动化、办公自动化系统和计算机网络系统等，是跨学科、跨行业的系统工程。

1.2.1 综合布线系统的概念

综合布线系统是一种标准通用的信息传输系统，通常对建筑物内各种系统（包括网络系统、电话系统、报警系统、电源系统、照明系统和监控系统等）所需的传输线路统一进行编制、布置和连接，形成完整、统一、高效、兼容的建筑物布线系统。

综合布线是一个模块化的、灵活性极高的建筑物内或建筑群之间的信息传输通道，是智能建筑的"信息高速公路"。它既能使语音、数据、图像设备和交换设备与其他信息管理系统相连接，也能使这些设备与外部通信网相连接。它包括建筑物外部网络或电信线路的连线点与应用系统设备之间的所有线缆及相关的连接部件。综合布线由不同系列和规格的部件组成，其中包括传输介质、相关连接硬件（如配线架、连接器、插座、插头、适配器）及电气保护设备等。这些部件可用来构建各种子系统，它们都有各自的具体用途，不仅易于实施，而且能随变化而平稳升级。

1.2.2 综合布线系统的组成

综合布线是由许多部件组成的,主要有传输介质、线路管理硬件、连接器、插座、插头、适配器、传输电子线路、电器保护设施等,并由这些部件来构造各种子系统。一个理想的布线系统应该支持语音应用、数据传输、影像影视,而且最终能支持综合型的应用。

综合布线系统应是开放式星形拓扑结构。该结构下的每个分支子系统都是相对独立的单元,对每个分支子系统的改动都不影响其他子系统,只要改变结点连接方式就可使综合布线在星形、总线型、环形、树状型等结构之间进行转换。

综合布线采用模块化的结构。按每个模块的作用,可把它划分成6个部分,如图1.3所示。

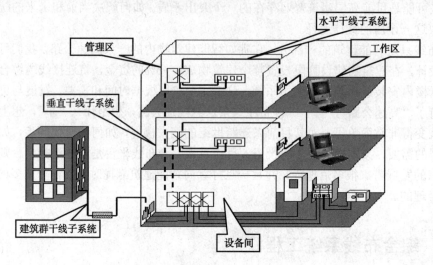

图1.3 综合布线系统

这6个部分可以概括为"一间、二区、三个子系统":

- 工作区。
- 水平干线子系统。
- 垂直干线子系统。
- 设备间。
- 管理区。
- 建筑群干线子系统。

1. 工作区

工作区是放置应用系统终端设备的地方。它是由RJ-45跳线与信息插座所连接的设备(终端或工作站)组成的。

2. 水平干线子系统

水平干线子系统也称水平子系统,是整个布线系统的一部分。它是指从工作区的信息插座开始到管理区的配线架的连接区域。水平子系统与垂直子系统的区别在于:水平子系统总是处在同一楼层上,线缆一端接在配线间的配线架上,另一端接在信息插座上。在建筑物内,垂直子系统总是位于垂直的弱电间,并采用大对数双绞电缆或光缆,而水平子系统多为4对双绞电缆。这些双绞电缆能支持大多数终端设备。在需要较高宽带应用时,水平子系统也可以采用"光纤到桌面"的方案。

3. 垂直干线子系统

垂直干线子系统也称垂直子系统，是由设备间和楼层配线间之间的连接线缆组成的。采用大对数双绞电缆或光缆，两端分别端接在设备间和楼层配线间的配线架上。

4. 设备间

设备间是在每一幢大楼的适当地点放置综合布线线缆和相关连接硬件及其应用系统的设备场所。为便于设备搬运，节省投资，设备间最好位于每一幢大楼的第二层或第三层。在设备间内，可把公共系统用的各种设备互连起来，如电信部门的中继线和公共系统设备（如 PBX）。设备间还包括建筑物的入口区的设备或电气保护装置及其连接到符合要求的建筑物接地点。

5. 管理区

管理区是指在配线间或设备间的配线区域，它采用交连和互连等方式，管理垂直子系统和水平子系统的线缆。

6. 建筑群干线子系统

建筑群干线子系统也称建筑群子系统，它是由两个及两个以上建筑物组成的。这些建筑物彼此之间要进行信息交流。综合布线的建筑群子系统是由连接各建筑物之内的线缆组成的，建筑群综合布线所需的硬件包括铜电缆、光缆和防止电缆的浪涌电压进入建筑物的电气保护设备。

1.2.3　综合布线系统的特点

综合布线同传统的布线相比较，有着许多优越性，是传统布线所无法企及的。其特点主要表现为它的兼容性、开放性、灵活性、可靠性、先进性和经济性。而且在设计、施工和维护方面也给人们带来了许多方便。

1. 兼容性

综合布线的首要特点是它的兼容性。所谓兼容性是指它自身是完全独立的，而与应用系统相对无关，可以适用于多种应用系统。

过去，为一幢大楼或一个建筑群内的语音或数据线路布线时，往往是采取不同厂家生产的电缆线、配线插座、接头等。例如，用户交换机通常采用双绞线，计算机系统通常采用粗同轴电缆或细同轴电缆。这些不同的设备使用不同的配线材料，而连接这些不同配线的接头、插座及端子板也各不相同，彼此互不相容。一旦需要改变终端机或电话机位置时，就必须敷设新的线缆，以及安装新的插座和接头。

综合布线将语音、数据与监控设备的信号线经过统一的规划和设计，采用相同的传输介质、信息插座、互联设备、适配器等，把这些不同信号综合到一套标准的布线中。由此可见，这个布线比传统布线大为简化，这样可节约大量的物资、时间和空间。

在使用时，用户可不用定义某个工作区的信息插座的具体应用，只把某种终端设备（如个人计算机、电话、视频设备等）插入这个信息插座，然后在管理间和设备间的互联设备上做相应的接线操作，这个终端设备就被接入各自的系统中了。

2. 开放性

对于传统的布线方式，只要用户选定了某种设备，也就选定了与之相适应的布线方式和传输介质。如果更换另一设备，那么原来的布线就要全部更换。可以想象，对于一个已经完工的建筑物，这种变化是十分困难的，要增加很多投资。

综合布线由于采用开放式体系结构，符合多种国际上现行的标准，因此它几乎对所有著名厂商的产品都是开放的，如计算机设备、交换机设备等；并对所有通信协议也是支持的，如ISO/IEC 8802-3，ISO/IEC 8802-5等。

3. 灵活性

传统的布线方式是封闭的，其体系结构是固定的，若要迁移设备或增加设备是相当困难而麻烦的，甚至是不可能的。

综合布线采用标准的传输线缆和相关连接硬件，模块化设计。因此所有通道都是通用的。每条通道可支持终端、以太网工作站及令牌环工作站（采用5类连接方案，可支持以太网及ATM等）。所有设备的开通及更改均不需改变布线，只需增减相应的应用设备及在配线架上进行必要的跳线管理即可。另外，组网也可灵活多样，甚至在同一房间可有多用户终端、以太网工作站、令牌环工作站并存，为用户组织信息流提供了必要条件。

4. 可靠性

传统的布线方式，由于各个应用系统互不兼容，因而在一个建筑物中往往要有多种布线方案。因此建筑系统的可靠性要由所选用的布线可靠性来保证，当各应用系统布线不当时，还会造成交叉干扰。

综合布线采用高品质的材料和组合压接的方式构成一套高标准的信息传输通道。所有线缆和相关连接件均通过ISO认证，每条通道都要采用专用仪器测试链路阻抗及衰减率，以保证其电气性能。应用系统布线全部采用点到点端接，任何一条链路故障均不影响其他链路的运行，这就为链路的运行维护及故障检修提供了方便，从而保障了应用系统的可靠运行。各应用系统采用相同的传输介质，因而可互为备用，提高了备用冗余。

5. 先进性

综合布线采用光纤与双绞线混合布线方式，极为合理地构成一套完整的布线。所有布线均采用世界上最新通信标准，链路均按8芯双绞线配置。五类双绞线，数据最大传输速率可达到155Mbps，对于特殊用户的需求可把光纤引到桌面（Fiber To The Desk），干线语音部分用电缆，数据部分用光缆，为同时传输多路实时多媒体信息提供足够的容量。

6. 经济性

通过上面的讨论可知，综合布线较好地解决了传统布线方法存在的许多问题。随着科学技术的迅猛发展，人们对信息资源共享的要求越来越迫切，尤其以电话业务为主的通信网逐渐向综合业务数字网（ISDN）过渡，越来越重视能够同时提供语音、数据和视频传输的集成通信网。因此，综合布线取代单一、昂贵、繁杂的传统布线，是"信息时代"的要求，是历史发展的必然趋势。

1.2.4 综合布线系统适用范围

综合布线采用模块化设计和分层星形拓扑结构。它能适应任何建筑物的布线。建筑物的跨距不超过3 000米，面积不超过1 000 000平方米。综合布线可以支持语音、数据和视频等各种应用。综合布线按应用场合，除建筑与建筑群综合布线系统（PDS）外，还有两种先进的系统，即智能大楼布线系统（IBS）和工业布线系统（IDS）。它们的原理和设计方法基本相同，差别是PDS以商务环境和办公自动化环境为主；IBS以大楼环境控制和管理为主，IDS则以传输各类特殊信息和适应快速变化的工业通信为主。为了便于理解综合布线原理，掌握其设计方法,在本书中我们侧重讨论 PDS,读者可以举一反三,触类旁通,并且将建筑与建筑群综合布线系统,简称为综合布线(GC)。

1.2.5 综合布线系统的产品及选型原则

选择良好的综合布线产品并进行科学的设计和精心的施工是智能化建筑的"百年大计"。

就我国当前情况来看,生产的综合布线产品尚不能满足要求,因而还要靠进口。由于美国朗讯科技(原 AT&T)公司进入我国市场较早,且产品齐全、性能良好,因此在中国市场的占有率较高。法国阿尔卡特综合布线既采用屏蔽技术,也采用非屏蔽技术,在我国的应用前景也比较广泛。

目前,我国广泛采用的综合布线还有美国西蒙(SIEMON)公司推出的 SCS(SIEMON Ca-bling);加拿大北方电讯(Northern Telecom)公司推出的 IBDN(Integrated Building Distribution Network);德国克罗内(KRONE)公司推出的 KISS(KRONE Integrated Structured Solutions);以及美国安普(AMP)公司的开放式布线系统(Open Wiring System)。它们都有自己相应的产品设计指南和验收方法及质量保证体系。在众多产品当中,大多数外形尺寸基本相同,但电气性能、机械特性差异较大,常被人们忽视。因此在选用产品时,要选用其中具有研究、制造和销售能力的,并且符合国际标准的专业厂家的产品,不可选用多家产品。否则在通道性能方面达不到要求,会影响综合布线整体质量,难以保护投资。

因为综合布线是为统一形形色色弱电布线的不一致、不灵活而创立的,如果在综合布线中再出现机械性能和电气性能不一致的多家产品,则恰好是与综合布线的初衷背道而驰的。因此,选择一致性的、高性能的布线材料是实施综合布线的重要一环。美国朗讯科技公司由贝尔实验室提供技术支持,布线产品性能一直比较稳定,应优先选择。

1.2.6 综合布线系统工程质量

要将一个优化的综合布线设计方案最终在智能建筑中完美实现,工程组织和工程实施是一个十分重要的环节。根据我们多年来的经验,应该注意以下几点。

(1)进行科学设计,精心组织施工,规范化管理。所谓"管理",是保证材料品质、保证设计和安装工艺有一整套严格的管理制度。有些公司为了推销产品,不管公司状况如何,统统可以代理。综合布线是综合多项技术的工程,实施工程后要保证用户在一定时期内不断扩展业务的需求。在这里绝不允许掺"假"和粗制滥造行为的发生。

(2)选择技术实力雄厚的工程经验丰富的公司来施工。一般正规的综合布线公司应有一整套严格的分销代理程序。一个系统集成商,必须具有经验丰富的设计工程师和安装工程师,并有齐备的各种测试仪器及测试规程,方能为用户进行工程的设计、安装和测试。

综合布线业务在我国推广已有几年的时间,一般在当地都有相关的布线产品代理和系统集成商。用户完全可以了解到当地这些系统集成商的合法性和技术实力,然后再选择适合用户需求及今后便于维护的公司。当然真正重要的是,必须对系统集成商进行实力考察。

(3)最关键的一点是业主和用户本身必须真正从实际的需求出发,首先对自己的综合性业务有个了解,根据自己的财力再委托专业公司进行规划设计和推敲,防止竣工后实际不够应用或设计过高以至于若干年内还用不完其功能。

当然，一般业主的新大楼都由一个筹建处来管理，但真正的应用需求应征求本单位有关业务部门的意见，或聘请有经验的专家咨询。目前，有些业主为避免鱼目混珠，已开始委托专业招标公司来完成全过程。这不失为一种较好的尝试。

1.2.7 综合布线设计要领

1. 总体规划

一般来说，国际通信技术标准是随着科学技术的发展逐步修订完善的。综合布线也是随着新技术的发展和新产品的问世逐步完善而趋向成熟的。我们在设计智能化建筑物的综合布线期间，要提出并研究近期和长远的需求是非常必要的。目前，国际上各种综合布线产品都只提出多少年质量保证体系，并没有提出多少年投资保证体系。为了保护建筑物投资者的利益，我们可以采取"总体规划，分步实施，水平布线尽量到位"的设计原则。大多数干线都设置在建筑物弱电间，更换或扩充比较省事；水平布线是在建筑物的吊顶内、天花板或管道里，施工费比初始投资的材料费高。如果更换水平布线，要损坏建筑结构，影响整体美观。因此，我们在设计水平布线时，要尽量选用档次较高的线缆及相关连接硬件（如选用100Mbps的双绞线），缩短布线周期。

但是，我们也要强调，在设计综合布线时，一定要从实际出发，不可脱离实际，盲目追求过高的标准，造成浪费。因为科学技术日新月异，以计算机芯片的摩尔定律为例，它指出每18个月计算机芯片上集成的晶体管数会增加一倍。按照这个发展速度，我们很难预料今后科学技术发展的水平。不过，只要管道、线槽设计合理，更换线缆就比较容易。

2. 系统设计

综合布线是智能建筑业中的一项新兴产业。它不完全是建筑工程中的"弱电"工程。智能化建筑是由智能化建筑环境内系统集成中心利用综合布线连接和控制"3A"系统组成的。综合布线设计是否合理，直接影响到"3A"的功能。

设计一个合理的综合布线系统一般有以下几个步骤：
- 分析用户需求。
- 获取建筑物平面图，获得建筑物的成套建筑方案。
- 系统结构设计。
- 可行性论证。
- 绘制综合布线施工图。

3. 综合管理

通过上述探讨已表明，一个设计合理的综合布线系统，能把智能建筑物内、外的所有设备互连起来。为了充分而又合理地利用这些线缆及相关连接硬件，我们可以将综合布线的设计、施工、测试及验收资料采用数据库技术管理起来。从一开始就应当全面利用计算机辅助建筑设计（CAAD）技术来进行建筑物的需求分析、系统结构设计、布线路由设计，以及线缆和相关连接硬件的参数、位置编码等一系列的数据等录入库，使配线管理成为建筑集成化总管理数据库系统的一个子系统。同时，让本单位的技术人员去组织并参与综合布线系统的规划、设计及验收，这对今后管理维护综合布线将大有用处。

1.3 综合布线系统的标准

综合布线系统是一个复杂的系统，它包括各种线缆、接插件、转接设备、适配器、检测设备及各种施工工具等多种设备，以及多项技术实现手段，实施时需要统筹考虑。生产相关布线设备的厂家很多，各家产品有不同的特色和不同的设计思想与理念。

要想让各家产品互相兼容，使综合布线系统更加开放、方便使用和管理，集成度更高，就必须制定出一系列相关的标准，以及规范综合布线系统设计、实施、测试和服务等诸环节，规范各种线缆、接插件、转接设备、适配器、检测设备及各种施工工具等设备。

1.3.1 综合布线系统的标准

智能化建筑已逐步发展成为一种产业，如同计算机、建筑一样，也必须有大家共同遵守的标准或规范。目前，已出台的综合布线及其产品、线缆、测试标准和规范主要有如下几项：

（1）EIA/TLA—568 民用建筑线缆标准。
（2）EIA/TIA—569 民用建筑通信通道和空间标准。
（3）EIA/TIA—×××民用建筑中有关通信接地标准。
（4）EIA/TIA—×××民用建筑通信管理标准。

这些标准支持下列计算机网络标准：

（1）IEEE 802.3 总线局域网络标准。
（2）IEEE 802.5 环形局域网络标准。
（3）FDDI 光纤分布数据接口高速网络标准。
（4）CDDI 铜线分布数据接口高速网络标准。
（5）ATM 异步传输模式。

在布线工程中，常常提到 CECS92:95 或 CECS92:97，那么这是什么呢？EIA/TIA-568A 商用建筑物电信布线标准：

- ISO/IEC 11801:1995（E）国际布线标准。
- EIA/TIA TSB-67 现场测试非屏蔽双绞线布线系统传输性能规范。

我国已于 1995 年 3 月由中国工程建设标准化协会批准了《建筑与建筑群综合布线系统设计规范》，标志着综合布线在我国也开始走向正规化、标准化。

1.3.2 综合布线标准要点

无论是 CECS92:95（CECS92:97）还是 EIA/TIA 制定的标准，其标准要点包括以下几点。

1. 目的

（1）规范一个通用语音和数据传输的电信布线标准，以支持多设备、多用户的环境。
（2）为服务于商业的电信设备和布线产品的设计提供方向。
（3）能够对商用建筑中的结构化布线进行规划和安装，使之能够满足用户的多种电信要求。
（4）为各种类型的线缆、连接件及布线系统的设计和安装建立性能和技术标准。

2. 范围

（1）标准针对的是"商业办公"电信系统。

（2）布线系统的使用寿命要求在 10 年以上。

3. 标准内容

标准内容为所用介质、拓扑结构、布线距离、用户接口、线缆规格、连接件性能、安装程序等。

4. 几种布线系统涉及范围和要点

（1）水平干线布线系统：涉及水平跳线架，水平线缆；线缆出入口/连接器，转换点等。

（2）垂直干线布线系统：涉及主跳线架、中间跳线架；建筑外主干线缆，建筑内主干线缆等。

（3）UTP 布线系统：UTP 布线系统传输特性划分为 5 类线缆。

- 五类：指 100M/Hz 以下的传输特性。
- 四类：指 20M/Hz 以下的传输特性。
- 三类：指 16M/Hz 以下的传输特性。
- 超五类：指 155M/Hz 以下的传输特性。
- 六类：指 200M/Hz 以下的传输特性。

目前主要使用五类、超五类。

（4）光缆布线系统：在光缆布线中分水平干线子系统和垂直干线子系统，它们分别使用不同类型的光缆。

- 水平干线子系统：62.5/125μm 多模光缆（入出口有两条光缆），多数为室内型光缆。
- 垂直干线子系统：62.5/125μm 多模光缆或 10/125μm 单模光缆。

综合布线系统标准是一个开放型的系统标准，它能广泛应用。因此，按照综合布线系统进行布线，会为用户今后的应用提供方便，也保护了用户的投资，使用户投入较少的费用，便能向高一级的应用范围转移。

1.4 综合布线系统的设计等级

对于建筑物的综合布线系统，一般定为 3 种不同的布线系统等级。

（1）基本型综合布线系统。

（2）增强型综合布线系统。

（3）综合型综合布线系统。

1.4.1 基本型综合布线系统

基本型综合布线系统方案，是一个经济有效的布线方案。它支持语音或综合型语音/数据产品，并能够全面过渡到数据的异步传输或综合型布线系统。它的基本配置如下：

（1）每一个工作区有一个信息插座。

（2）每一个工作区有一条水平布线 4 对 UTP 系统。

（3）完全采用 110A 交叉连接硬件，并与未来的附加设备兼容。

（4）每个工作区的干线电缆至少有两对双绞线。

它的特点如下:
(1) 能够支持所有语音和数据传输应用。
(2) 支持语音、综合型语音/数据高速传输。
(3) 便于维护人员维护和管理。
(4) 能够支持众多厂家的产品设备和特殊信息的传输。

1.4.2 增强型综合布线系统

增强型综合布线系统不仅支持语音和数据的应用,还支持图像、影像、影视、视频会议等。它具有为增加功能提供发展的余地,并能够利用接线板进行管理,它的基本配置如下:
(1) 每个工作区有两个以上的信息插座。
(2) 每个信息插座均有水平布线 4 对 UTP 系统。
(3) 具有 110 A 交叉连接硬件。
(4) 每个工作区的电缆至少有 8 对双绞线。

它的特点如下:
(1) 每个工作区有两个信息插座,灵活方便、功能齐全。
(2) 任何一个插座都可以提供语音和高速数据传输。
(3) 便于管理与维护。
(4) 能够为众多厂商提供服务环境的布线方案。

1.4.3 综合型综合布线系统

1. 综合型布线系统配置

综合型布线系统是将双绞线和光缆纳入建筑物布线的系统。它的基本配置如下:
(1) 在建筑物、建筑群的干线或水平布线子系统中配置 62.5μm 的光缆。
(2) 在每个工作区的电缆内配有 4 对双绞线。
(3) 每个工作区的电缆中应有两对双绞线和两个以上的信息座。

2. 综合型布线系统特点

(1) 每个工作区有两个以上的信息插座,不仅灵活方便而且功能齐全。
(2) 任何一个信息插座都可供语音和高速数据传输。
(3) 有一个很好的环境,为客户提供服务。

3. 综合布线系统的设计要点

综合布线系统的设计方案不是一成不变的,而是随着环境、用户要求来确定的。其设计要点如下:
(1) 尽量满足用户的通信要求。
(2) 了解建筑物、楼宇间的通信环境。
(3) 确定合适的通信网络拓扑结构。
(4) 选取适用的介质。
(5) 以开放式为基准,尽量与大多数厂家产品和设备兼容。
(6) 将初步的系统设计和建设费用预算告知用户。
在征得用户意见并订立合同书后,再制订详细的设计方案。

1.5 综合布线系统的发展

综合布线技术从提出到成熟一直到今天的广泛应用，虽然只有 20 多年的时间，但其发展同其他 IT 技术一样迅猛。随着网络在国民经济及社会生活各个领域的不断扩展，综合布线技术已成为 IT 行业炙手可热的专业。由于宽带网络公司、宽带智能社区及研究院所、高等院校的宽带管理、宽带科研、宽带教学等如雨后春笋般成长，导致网络充斥整个空间，因而综合布线的需求连年增长。

随着计算机技术、通信技术的迅速发展，综合布线系统也在发生变化，但总的目标是向集成布线系统、智能大厦、智能小区家居布线系统方向发展。

1.5.1 集成布线系统

集成布线系统是美国西蒙公司于 1991 年 1 月在我国推出的。它的基本思想是"现在的结构化布线系统对语音和数据系统的综合支持给我们带来一个启示，能否使用相同或类似的综合布线思想来解决楼房自控制系统的综合布线问题，使各楼房控制系统都像电话、电脑一样，成为即插即用的系统呢？"带着这个问题，西蒙公司根据市场的需要，在 1999 年年初推出了整体大厦集成布线系统（Total Building Cabling，TBIC）。TBIC 系统扩展了结构化布线系统的应用范围，以双绞线、光缆和同轴电缆为主要传输介质支持语音、数据及所有楼宇自控系统弱电信号远传的连接。为大厦铺设一条完全开放的、综合的信息高速公路。它的目的是为大厦提供一个集成布线平台，使大厦真正成为即插即用大厦。西蒙公司对集成布线系统作了如下几点说明。

各弱电系统的共性是布线系统。传统上大楼内部不同的应用系统如电话、网络系统及楼宇自动控制系统在不同的历史时期都有自己独立的布线系统，相互间也无联系。系统的设计、施工上也是完全分离的。这一过程好像很简单，管理也容易，但在运行阶段，若要增强新系统或系统扩展就很困难，因为所有的线缆都是有特定用途的。布线系统缺乏通用性及快速灵活的扩充能力。结构化布线系统的诞生解决了电话和网络系统的综合布线问题。它独立于应用系统，支持多厂商和多系统应用，配置灵活方便，满足现在及未来需要。现在结构化布线早已经成为一个国家标准，为大楼提供了综合的通信系统的支持服务。自动控制系统一直在向网络系统学习，随着网络传输速度的不断加快，控制系统对网络速度的要求也会越来越快。因此，它需要被纳入网络布线系统进行综合考虑。具体如下：

（1）共享传感器需要灵活配置布线。

（2）数字化趋势使低层的传感器/执行器将越来越多地参与数字传输。

（3）个人环境控制系统。

1.5.2 智能大厦布线

根据智能楼宇智能化（5AS）要求，一个 5AS 系统应主要有通信自动化系统（CAS）、办公自动化系统（OAS）、建筑物自动化系统（BAS）、安全保卫自动化系统（SAS）及消防自动化系统（FAS）等子系统。主子系统的物理拓扑结构采用常规的星形结构，即从主跳线连接（MC）经过互联中间跳接（IC）到楼层水平跳接（HC），或直接从主跳线连接（MC）到楼层水平跳接（HC）。

水平布线子系统从楼层水平跳接（HC）配置成单星形或多星形结构。单星形结构是指从楼层水平跳接（HC）直接连到设备上，而多星形结构则要通过一层星形结构直接到区域配线跳接（ZC），为应用系统提供更大的灵活性。

1.5.3 微型计算机的硬件配置

智能小区布线由房地产开发商在建楼时投资。增加智能小区布线项目只需多投入1%的成本，而这将为房地产开发商带来几倍的利润。至于智能小区布线安装，目前在国外出现一种家庭集成商的行业，专门从事家庭布线的安装与维护。此外，也可由系统集成商安装。

对我国用户来说，在多层智能小区布线系统中，每个家庭必须安装一个分布装置。分布装置是一个交叉连接的配线架，主要端接使用电缆、跳线、插座及设备连线等。分布装置配线架主要满足用户增强、改动通信设备的需要，并提供连接端口以满足服务供应商的不同系统供应。配线架必须安装在一个合适的地方，以便安装和维护。配线架可以使用跳线、设备线来提供互联方法，长度不超过10m。电缆长度从配线架开始到用户插座不可超过90m。如两端加上跳线和设备后，总长度不超过100m。所有新建筑物从插座到配线架电缆必须埋于管道内，不可使电缆外露。主干必须采用星形拓扑方法连接，传输介质包括光缆、同轴电缆和非屏蔽双绞线，并使用管道保护。通信插座的数量必须满足需要。插座安装于固定的位置上。如果使用非屏蔽双绞线，则必须使用8芯568A（或568B）接线方式。如果某网络及服务需要连接一些电子部件，如分频器、放大器、匹配器等，则需安装于插座外。

智能小区布线除支持数据、语音、电视媒体应用外，还可提供对家庭的保安管理和对家用电器的自动控制及能源控制等。

智能小区和办公大楼的主要区别在于智能小区的独立门户，且每户都有许多房间，因此布线系统必须以分户管理为特征。一般来说，智能小区每一户的每一个房间的配线都应是独立的，使住户可以方便地自行管理自己的住宅。另外，智能小区和办公大楼布线的一个较大区别是智能小区需要传输的信号种类较多，不仅有语音和数据，还有有线电视、楼宇对讲等。因此，智能小区每个房间的信息点较多，需要的接口类型也较为丰富。由于智能小区有以上特点，所以建议房地产开发商在建筑智能小区时，最好选用专门的智能布线产品。

综合布线技术正朝着满足多媒体、宽带化、高速率、大容量等信息传输的要求方向发展。

思考与练习

1. 什么是智能建筑？
2. 智能建筑由哪些系统构成？
3. 综合布线系统的基本含义是什么？其具有哪些特点？
4. 综合布线系统由哪几个子系统组成？请简述之。
5. 综合布线系统有几个设计等级？分别适用于什么场合？

第2章 网络传输介质与布线常用设备

如果没有网络传输介质传送信号，就不存在网络，因为介质是网络中信息传输的物理传输基础。在网络中，一台计算机将信号通过传输介质传输到另一台计算机，传输介质可以是电缆、光纤等有形介质，也可以是微波、卫星信号等无形介质。通常用于网络工程的有形介质有双绞线、同轴电缆和光纤等。由于使用各种传输介质的费用、安装的难易程度、网络容量和提供的带宽各不相同，因此在网络工程中网络通信介质的选择必须考虑网络的性能、价格、使用规则、安装难易性、可扩展性及其他一些因素。本章主要介绍在综合布线系统工程中常用的传输介质及其相关设备。

2.1 网络传输介质概述

计算机之间联网时，首先遇到的是通信线路和通信传输的问题。目前，计算机通信分为有线通信和无线通信。有线通信是利用电缆或光纤充当传输介质的，而无线通信是利用卫星、微波、红外线等充当传输介质的。在网络工程组网过程中有线网多采用双绞线和光缆，而无线网则采用微波。

2.1.1 双绞线和双绞线电缆

双绞线（Twisted Pair，TP）是综合布线工程中最常用的一种传输介质。双绞线由两根具有绝缘保护层的铜导线组成，其直径一般为 0.4～0.65mm，常用的是 0.5mm。它们各自包在彩色绝缘层内，按照规定的绞距互相扭绞成一对双绞线。把两根绝缘的铜导线按一定密度互相绞在一起，可降低信号干扰的程度，每一根导线在传输中辐射的电波会被另一根线上发出的电波抵消。双绞线一般由两根 22～26 号绝缘铜导线相互缠绕而成。如果把一对或多对双绞线放在一个绝缘套管中便成了双绞线电缆。在双绞线电缆内，不同线对具有不同的扭绞长度，一般来说，扭绞长度在 14～38.1cm 内，按逆时针方向扭绞，相邻线对的扭绞长度在 12.7cm 以上。与其他传输介质相比，双绞线在传输距离、信道宽度和数据传输速度等方面均受到一定限制，但价格较为低廉。目前，双绞线可分为非屏蔽双绞线（Unshielded Twisted Pair，UTP）和屏蔽双绞线（Shielded Twisted Pair，STP）。

虽然双绞线主要用来传输模拟声音信息，但同样适用于数字信号的传输，特别适用于较短距离的信息传输。在传输期间，信号的衰减比较大，并且产生波形畸变。采取双绞线的局域网的带宽取决于所用导线的质量、长度及传输技术。只要精心选择和安装双绞线，就可以在有限距离内达到每秒几百万的可靠传输率。当距离很短，并且采用特殊的电子传输技术时，传输速率可达 100～155Mbps。由于利用双绞线传输信息时要向周围辐射，信息很容易被窃听，因此要花费额外的代价加以屏蔽。屏蔽双绞线电缆的外层由铝箔包裹，以减小辐射，但并不能完全消除辐射，如图 2.1 所示。屏蔽双绞线价格相对较高，安装时要比非屏蔽双绞线电缆困难。类似于同轴电缆，它必须配有支持屏蔽功能的特殊连接器和相应的安装技术。但它有较高的传输速率，100m 内可达到 155Mbps。

另外，如图 2.2 所示为非屏蔽双绞线电缆，其优点如下：
- 无屏蔽外套，直径小，节省所占用的空间。
- 重量轻、易弯曲、易安装。
- 将串扰减至最小或加以消除。
- 具有阻燃性。
- 具有独立性和灵活性，适用于结构化综合布线。

例如，常用的 5 类线缆在综合布线系统中能远距离传输高比特信号，既传输高速数据又保证良好的数据完整。其机械物理性能、电气性能、传输特性等满足 ANSI TIA/EIA-568A 标准和 YD/T838—1997 标准 5 类对绞线缆的要求。其中，近端串扰和等效远端串扰性能符合传输延迟、延迟失真和平衡（LCL）性能要求，支持 10/100/1000Base-T/ATM/令牌环、语音、电话和图像等应用。

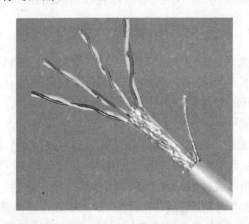
图 2.1 屏蔽双绞线电缆

图 2.2 非屏蔽双绞线电缆

2.1.2 光纤和光缆

随着互联网的迅猛发展，光纤通信已经进入用户网，并逐步取代用户网中的音频电缆，从而走进千家万户。所谓光纤通信，是指将要传送的语音、图像和数据信号等调制在光载波上，以光纤作为传输媒介的通信方式。而光纤是迄今为止发现的最适合传导光的传输媒介,是光纤通信系统中不可缺少的组成部分。

光纤是网络介质中最先进的技术,其用于以极快的速度传送较大信息的场合。光纤是用于电气噪声环境中最好的电缆,因为它携带的是光脉冲,而不是电脉冲。因此它可作为计算机网络的主干来提供服务器之间最快的和容错性最好的数据通路。

光纤和同轴电缆相似,只是没有网状屏蔽层。中心是光传播的玻璃芯。在多模光纤中,芯的直径是 15~50mm,大致与人的头发的粗细相当。而单模光纤芯的直径为 8~10mm。芯外面包围着一层折射率比芯低的玻璃封套,以使光纤保持在芯内,再外面是一层薄的塑料外套,用来保护封套。光纤通常被扎成束,外面有外壳保护。纤芯通常是由石英玻璃制成的横截面很小的双层同心圆柱体,它质地脆,易断裂,因此需要外加保护层,如图 2.3 和图 2.4 所示。

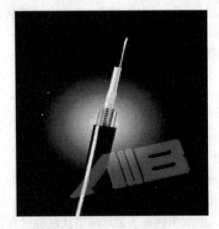
图 2.3 光纤结构图

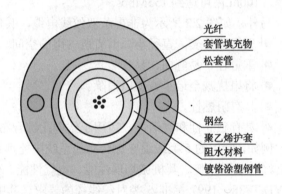
图 2.4 光纤截面图

光导纤维是一种传输光束的柔韧的媒质。光缆则是由一捆光导纤维电缆组成的。光缆是数据传输中最有效的一种传输介质,具有以下几个优点。

- 频带较宽。
- 电磁绝缘性能好。光纤电缆中传输的是光束,由于光束不受外界电磁干扰与影响,而本身也不向外辐射信号,因此它适用于长距离的信息传输及要求高度安全的场合。当然,抽头困难是它固有的难题,因为割开的光缆需要再生和重发信号。
- 衰减较小。可以说在较长距离和范围内信号是一个常数。
- 中继器的间隔较大,因此可以减少整个通道中继器的数目,可降低成本。根据贝尔实验室的测试,当数据传输速率为 420Mbps 且距离为 119km 无中继器时,其误码率为 8~10,可见其传输质量很好。而同轴电缆和双绞线每隔几千米就需要接一个中继器。

在使用光缆互联多个小型机的应用中,必须考虑光纤的单向特性,如果要进行双向通信,那么就应使用双股光纤。由于要对不同频率的光进行多路传输和多路选择,因此在通信器件市场上又出现了光学多路转换器。

在普通计算机网络中安装光缆是从用户设备开始的。因为光缆只能单向传输。为了实现双向通信,光缆就必须成对出现,一个用于输入,另一个用于输出。光缆两端接光学接口器。

安装光缆需格外谨慎。连接每条光缆时都要磨光端头,通过电烧烤或化学环氯工艺与光学接口连在一起,确保光通道不被阻塞。光纤不能拉得太紧,也不能形成直角。

2.1.3 同轴电缆

同轴电缆（coaxial cable）是由一根空心的外圆柱导体及其所包围的单根内导线组成的，柱体同导线间由绝缘材料隔开，同轴电缆有粗、细两种形式。在早期的网络中经常使用的是用粗同轴电缆作为连接不同网络的主干，如 20 世纪 80 年代早期以太网标准建立时，第一个定义的介质类型就是粗同轴电缆，目前，粗同轴电缆已经不经常使用了。细同轴电缆的直径与粗同轴电缆相比要小一些，常用于将桌面工作站连到局域网上的网络中。不论是粗缆还是细缆，其结构如图 2.5 所示。

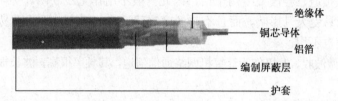

图 2.5 同轴电缆结构图

细同轴电缆与视频网或电视网所采用的信息网络的电缆很相似，都是通过使用金属网形成屏蔽层，能防止内部信号和外部环境相互干扰。只不过计算机通信所用的同轴电缆的阻抗，线缆的外径及外包层颜色等有所不同。在以太网规范上要求细同轴电缆的阻抗一般为 50Ω，使用基带类型的数据传输。但是，由于转发器等网络设备的实施，可以将信号放大并重新调整其时间，以便实现信号的长距离传输。

在细同轴电缆的中心，有一个铜的或敷铜箔的铝导线，并在中轴上包围着一层绝缘泡沫材料，有一种高质量的电缆是编的铜网，由铝箔的套管包围，缠绕着绝缘泡沫材料，而且电缆由外部的 PVC 或特氟纶套覆盖以绝缘。

细同轴电缆连在同轴电缆插件（Bayonet Nut Connector，BNC）上；然后再由 BNC 与 T 形接头连接。T 形接头的中部与计算机或网络设备的 NIC 连接在一起。如果计算机或设备是电缆中的最后一个站点，那么中继器就要连接在 T 形接头的一端。

细同轴电缆安装起来要比粗同轴电缆容易而且便宜，下面是细同轴电缆组网的技术参数：
- 最大的干线段长度为 185m。
- 最大网络干线电缆长度为 925m。
- 每条干线段支持的最大节点数为 30。
- BNC、T 形连接器之间的最小距离为 0.5m。

注意：采用细同轴电缆组网，除需要电缆外，还需要 BNC 头、T 形头及终端匹配器等。当前，网络通信线中广泛应用的传输介质是双绞线，双绞线的柔性好，价格低廉，更便于安装和使用；而同轴电缆因成本高且传输速率较低，因而使用较少。

2.1.4 无线介质

传输介质除了同轴电缆、双绞线和光纤外，还有一种手段是根本不使用导线，这就是利用无线介质进行通信。无线介质是指一种使网络信号不受任何种类光纤或网线约束的网络介质。无线局域网出现于 1990 年，但由于价格偏高，所以发展较慢。但近几年由于移动互联的发展，使无线网络出现了新的生机。

无线网络采用与有线网络同样的工作方法，它们按 PC、服务器、工作站、网络操作系统、无线适配器和访问点，通过无线传输介质建立网络。

无线通信传输主要有两种手段：
- 无线电波，即短波、超短波或微波。
- 光波，即激光和红外线。

短波、超短波类似电台或电视台广播，采用调频、调幅或调相的载波，通信距离可达数十千米。这种通信方式早已用于计算机通信，但其速率慢，保密性差，没有通信的单一性，易受干扰，而且，由于频道、频段要专门申请，因此一般不用作无线联网。

激光、红外线易受天气影响，而且不具备穿透建筑物的能力，因此不易于室外传输，所以在无线网络中一般也不用。

微波通信是以微波收、发机作为计算机网络通信信道，其频率很高，波长很短，并有如下特性：
- 直线传播。
- 频谱宽，携带信息容量大。
- 微波元器件受尺寸大小的影响。
- 微波受金属物体屏蔽，但能穿越非金属物体，耗损大。
- 微波可穿透大气层，向外空传播。

在无线介质中，最有魅力的是微波，人们利用微波频段作为介质，采用直序扩展频谱或跳频方式发射的传输技术，并以此技术制作了发射机、接收机，遵照 IEEE 802.3 以太网协议，开发了整套的计算机无线网络应用产品。但相对于有线网络而言，其价格偏高，长期缺乏统一的标准，适用的软件也少，传输速率也不够，因而限制了无线网络的发展。

2.1.5 传输介质的选择

在设计一个网络布线系统时，需要考虑的一个非常重要的问题就是使用何种传输介质。不同的传输介质有着不同的性能指标，应使所选介质更好地适用于某一种特定网络的安装。例如，对于一个要求简单而且造价低的网络安装来说，某些种类的铜介质也许是个不错的选择，因为它们的安装简单，价格低廉。表 2.1 总结了每一种传输介质的性质，可供选择时参考。

表 2.1 各种传输介质的优缺点

网络传输介质	优 点	缺 点
铜介质（双绞线）	价格便宜； 适用广泛； 有成熟的标准； 安装简单	易受电磁干扰和窃听； 没有附加设备的情况下只能传输很短的距离
光纤	可以实现很高的传输速率； 不易受到电磁干扰和窃听	相对比较昂贵； 不容易安装
无线传输	几乎不受传输距离的限制； 相对来说比较容易安装	在大气中产生衰减； 造价比有线传输昂贵得多； 一些无线传输频率的使用需要相关组织的认可

2.2 双绞线及其传输特性

网络通信线路的选择必须考虑网络的性能、价格、使用规则、安装难易性、可扩展性及其他一些因素。目前最常用的传输介质有双绞线、同轴电缆和光纤。

2.2.1 双绞线的结构

双绞线（Twisted Pairwire，TP）是一种综合布线工程中最常用的传输介质。双绞线是由两根具有绝缘保护层的铜导线组成的。其构造和外形如图 2.6 所示（以五类 4 对 24AWG 非屏蔽双绞线为例）。把两根绝缘的铜导线按一定密度互相绞在一起，可降低信号干扰的程度，每一根导线在传输中辐射出来的电波会被另一根线上发出的电波抵消。双绞线一般由两根 22 号、24 号或 26 号绝缘铜导线互缠绕而成。如果把一对或多对双绞线放在一个绝缘套管中便成了双绞线电缆。与其他传输介质相比，双绞线在传输距离、信道宽度和数据传输速度等方面均受到一定限制，但价格较低。

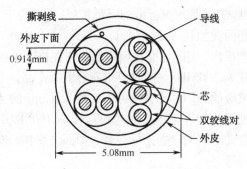

图 2.6 双绞线的构造和外形图

2.2.2 双绞线的分类

目前，双绞线可分为非屏蔽双绞线（Unshielded Twisted Pair，UTP，也称无屏蔽双绞线）和屏蔽双绞线（Shielded Twisted Pair，STP），屏蔽双绞线电缆的外层由铝箔包裹着，它的价格相对要高一些。

采用双绞线的局域网络的带宽取决于所用导线的质量、导线的长度及传输技术。只要精心选择和安装双绞线，就可以在有限距离内达到几 Mbps 的可靠传输速率。当距离较短，并且采用特殊的电子传输技术时，传输速率可达 100～200Mbps。

1. 按绝缘层的不同分类

按照绝缘层外部是否有金属屏蔽层，双绞线可以分为 UTP（非屏蔽双绞线）和 STP（屏蔽双绞线）两大类，如图 2.1 和图 2.2 所示。在这两大类中又分为 100Ω 电缆、双体电缆、大对数电缆和 150Ω 屏蔽电缆，具体型号有多种。其中，双体电缆、150Ω 屏蔽电缆在国内较少使用，市场上几乎见不到。

2. 按传输速率的不同分类

EIA/TIA 为双绞线电缆定义了 5 种不同质量的型号。其中计算机网络工程综合布线使用三、四、五类。这 5 种型号如下：

- 一类 UTP 电缆。
- 二类 UTP 电缆。
- 三类 UTP 电缆。
- 四类 UTP 电缆。
- 五类 UTP 电缆。

分别定义如下：

（1）三类电缆是指目前在 ANSI 和 EIA/TIA568 标准中指定的电缆。该电缆的传输特性最高规格为 16MHz，用于语音传输及最高传输速率为 10Mbps 的数据传输。

（2）四类电缆的传输特性最高规格为 20MHz，用于语音传输和最高传输速率为 16Mbps 的数据传输。

（3）五类电缆增加了绕线密度，外套是一种高质量的绝缘材料，传输特性的最高规格为 100MHz，用于语音传输和最高传输速率为 100Mbps 的数据传输。

超五类双绞线是为了弥补 5 类线的缺陷而发展的，其最高数据传输速率达到 200Mbps。超五类产品并没有相应的标准，它只是 5 类标准的一种扩展，在减少干扰等传输性能上有所提高，并新增加了综合近端串扰和回波损耗等测试项目。

伴随着千兆位以太网的推出，国际标准化组织新的正在修改中的布线标准针对六类或七类线缆均有新规定，六类带宽为 200MHz，同时要求兼容五类产品，七类带宽为 600MHz。六类布线系统将完全支持千兆位级的应用，甚至还可以支持 2.4Gbps 的 ATM。为了达到能与现有 5 类布线系统的兼容，必须使现行的 4 对五类线缆可以传输 100Mbps 数据流，这就需要解决一系列信道技术问题，重新定义和增加一些指标参数，如回波损耗、综合近端干扰、等效远端串扰和综合等效远端串扰，等等。

2.2.3 双绞线的性能指标

对于双绞线，用户所关心的是其性能。

1. 性能参数

对于双绞线，用户最关心的是表征其性能的几个指标。这些指标包括衰减、近端串扰、阻抗特性、分布电容和直流电阻等。

（1）衰减。

衰减（Attenuation）是沿链路的信号损失度量。衰减与线缆的长度有关系，随着长度的增加，信号衰减也随之增加。衰减以 dB 为单位，表示源传送端信号到接收端信号强度的比率。由于衰减随频率而变化，因此，应测量应用范围内的全部频率上的衰减。

（2）近端串扰。

串扰分近端串扰（NEXT）和远端串扰（FEXT），测试仪主要是测量 NEXT，由于存在线路损耗，因此 FEXT 的量值的影响较小。近端串扰损耗是测量一条 UTP 链路中从一对线到另一对线的信号耦合。对于 UTP 链路，NEXT 是一个关键的性能指标，也是最难精确测量的一个指标。随着信号频率的增加，其测量难度将加大。

NEXT 并不表示在近端点所产生的串扰值，它只是表示在近端点所测量到的串扰值。这个量值会随电缆长度不同而改变，电缆越长，其值变得越小。同时发送端的信号也会衰减，对其他线对的串扰也相对变小。实验证明，只有在 40m 内测量得到的 NEXT 信号是较真实的。如果另一端是远于 40m 的信息插座，那么它会产生一定程度的串扰，但测试仪可能无法测量到这个串扰值。因此，最好在两个端点都进行 NEXT 测量。现在的测试仪都配有相应设备，使得在链路一端就能测量出两端的 NEXT 值。

以上两个指标可通过 TSB67 测试仪测试。

（3）直流电阻。

直流环路电阻会消耗一部分信号，并将其转变成热量。它是指一对导线电阻的和，11801 规格的双绞线的直流电阻不得大于 19.2Ω。每对间的差异不能太大（小于 0.1Ω），否则表示接触不良，必须检查连接点。

（4）特性阻抗。

与直流环路电阻不同，特性阻抗包括电阻及频率为 1MHz～100MHz 的电感阻抗及电容阻抗，它与一对电线之间的距离及绝缘体的电气性能有关。各种电缆有不同的特性阻抗，而双绞线电缆则有 100Ω、120Ω 及 150Ω 这 3 种。

（5）衰减串扰比（ACR）。

在某些频率范围，串扰与衰减量的比例关系是反映电缆性能的另一个重要参数。ACR 有时也以信噪比（Signal-Noise Ratio，SNR）表示，它由最差的衰减量与 NEXT 量值的差值计算。ACR 值较大，表示抗干扰的能力更强。一般系统要求至少大于 10dB。

（6）电缆特性。

通信信道的品质是由它的电缆特性描述的。SNR 是在考虑到干扰信号的情况下，对数据信号强度的一个度量。如果 SNR 过低，将导致数据信号在被接收时，接收器不能分辨数据信号和噪声信号，最终引起数据错误。因此，为了将数据错误限制在一定范围内，必须定义一个最小的可接收的 SNR。

2. 测试数据

以常用的 100Ω 4 对非屏蔽双绞线为例，它们受干扰指标的约束，即衰减、分布电容、直流电阻、直流电阻偏差值、阻抗特性、返回损耗、近端串扰。对于它们的标准测试数据如表 2.2 所示。

表 2.2 标准测试数据

类型	三类	四类	五类
衰减（dB）	≤2.320sprt（f）+0.238（f）	≤2.050sprt（f）+0.1（f）	≤1.9267sprt（f）+0.75（f）
分布容量（以 1kHz 计算）	≤330pf/100m	≤330pf/100m	≤330pf/100m
直流电阻 20℃测量校正值	≤9.38Ω/100m	≤9.38Ω/100m	≤9.38Ω/100m
直流电阻偏差值 20℃测量校正值	5%	100Ω±15%	5%
阻抗特性 1MHz 至最高的参数频率值	100Ω±15%	100Ω±15%	100Ω±15%
返回损耗测量长度>100m	12dB	12dB	23dB
近端串扰测量长度>100m	43dB	58dB	64dB

2.2.4　常用的品牌双绞线电缆

如图 2.7 所示是一些常见的双绞线电缆。

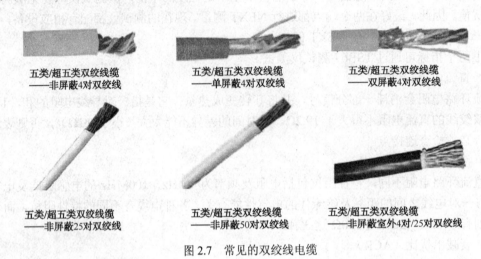

图 2.7　常见的双绞线电缆

2.2.5　常用双绞线选购

目前在网络工程综合布线中最常用的是五类或超五类双绞线。五类或超五类双绞线一般都是以"箱"为单位出售的，每箱双绞线的长度为 305m。不同品牌的双绞线的价格相差较大，有时相差一倍多。

双绞线质量的优劣是决定局域网带宽的关键因素之一，只有标准的五类或超五类线才能实现 100Mbps 以上的传输速率，而品质低劣的双绞线是无法满足高速率的传输需求的。

通常在选购五类双绞线的时候，用户要考虑以下几个方面。

1. 包装好

一般来说，好的双绞线的包装纸箱从质地到印刷应当都很精美，而且很多厂家都在外包装上贴了防伪标志。

2. 有标识

双绞线购买时需要注意的是，每隔两英尺（ft）有一段文字，以 AMP 公司的线缆为例子，该文字内容为 AMP SYSTEMS CABLE E138034 0100 24 AWG （VL）CMR/MPR OR C （VL）PCC FT4VERIFIED ETC CAT5 044766 FT 200112。

其中：

AMP　代表公司名称。

0100　表示 100Ω。

24　表示线芯是 24 号的（线芯有 22、23、24、26 四种规格）。

AWG　表示美国线缆规格标准。

VL　表示通过认证的标记。

FT4　表示 4 对线。

CAT5　表示五类线。

044766　表示线缆当前处在英尺数。

200112　表示生产年月。

在双绞线电缆内,不同线对具有不同的绞距长度。一般来说,4对双绞线绞距周长在38.1mm长度内,按逆时针方向扭绞,一对线的扭绞长度在12.7mm之内。

若塑料包皮上没有厂商,没有标准,则通常为劣质产品。

3. 颜色清

剥开双绞线外层的包皮,可看到里面有颜色不同的4对8根细线,颜色分别为橙色、绿色、蓝色和棕色。每一个线对中一根是纯颜色,另一根是白色或是与白色相间的,这些细线的颜色是我们正确制作网线和连接设备的关键,没有颜色或颜色不清楚的线缆不能购买。

4. 绞合密

为了降低信号干扰,双绞线电缆的每一对线对是由两根绝缘的铜导线以逆时针方向绞合而成的,同一电缆中的不同线对具有不同的绞合度。

5. 韧性好

为了使双绞线在移动中不至于断线,双绞线除外皮保护层外,内部的铜芯应该具有一定的韧性。另外,为了便于接头的制作和保证连接的可靠性,铜芯不能太软,也不能太硬。

6. 有阻燃性

为了避免双绞线受高温起火而导致线缆的燃烧和损坏,双绞线最外面的一层包皮除应具有很好的抗拉伸特性外,还应具有阻燃性,选购双绞线时可以用火烧一下。当然阻燃性并不是不燃烧,而是在火中会有一点小的火头,但从火中取出来以后会立即停止燃烧。

2.3　光纤及其传输特性

光导纤维又称为光纤,它是一种传输光束的细而柔韧的媒质,光导纤维电缆由一捆纤维组成,简称为光缆。光缆是数据传输中最有效的一种传输介质。本节介绍光纤的结构、光纤通信系统和基本构成、光纤的种类和性能。

2.3.1　光纤的结构

光纤常由石英玻璃制成,其为横截面积很小的双层同心圆柱体,也称为纤芯,它质地脆,易断裂,由于这一缺点,需要外加一保护层。中心是光传播的玻璃芯,芯外面包围着一层折射率比芯低的玻璃封套,以使光纤保持在芯内,再外面的是一层薄的塑料外套,用来保护封套。光纤通常被扎成束,外面有外壳保护。其结构如图2.8所示。

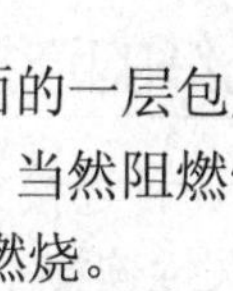

图2.8　光纤剖面结构示意图

陆地上的光纤通常埋在地下1m处,有时会受到地下小动物的破坏。在靠近海岸的地方,越洋光纤外壳被埋在沟里。在深水中,它们处于底部,极有可能被鱼类咬坏或被渔船撞坏。

2.3.2 光纤的分类

光纤主要有两大类,即传输点模数类和折射率分布类。

(1)传输点模数类。传输点模数类分单模光纤(Single Mode Fiber)和多模光纤(Multi Mode Fiber)。单模光纤的纤芯直径很小,在给定的工作波长上只能以单一模式传输,传输频带宽,传输容量大。光信号可以沿着光纤的轴向传播,因此光信号的损耗很小,离散也很小,传播的距离较远。单模光纤 PMD 规范建议芯径为 8~10μm,包括包层直径为 125μm。

多模光纤是在给定的工作波长上,能以多个模式同时传输的光纤。与单模光纤相比,多模光纤的传输性能较差。多模光纤的纤芯直径一般为 50~200μm,而包层直径的变化范围为 125~230μm,计算机网络用纤芯直径为 62.5μm,包层为 125μm,也就是通常所说的 62.5μm。在导入波长上分单模 1310nm、1550nm;多模 850nm、1300nm。

(2)折射率分布类。折射率分布类光纤可分为跳变式光纤和渐变式光纤。

跳变式光纤纤芯的折射率和保护层的折射率都是一个常数。在纤芯和保护层的交界面,折射率呈阶梯形变化。渐变式光纤纤芯的折射率随着半径的增加按一定规律减小,在纤芯与保护层交界处减小为保护层的折射率。纤芯的折射率的变化近似于抛物线。

2.3.3 光纤的连接方式

光纤有 3 种连接方式:永久性连接、机械连接和活动连接。

1. 永久性连接(熔接)

这种连接是用辅助工具将敷设光纤与尾纤剥去外皮,切割、清洁后,在熔接盘等的保护下用放电的方法将连根光纤的连接点熔化并连接在一起。一般用在长途接续、永久或半永久固定连接中。这种方法形成的光纤和单根光纤差不多,但有些衰减。

2. 机械连接

机械连接主要是用机械和化学的方法,将敷设光纤与尾纤剥去外皮,切割、清洁后,插入接续匹配盘中对准,相切并锁定,把两根光纤黏接在一起。机械连接需要训练过的人员花大约 5 分钟的时间完成,光的损失大约为 10%。

3. 活动连接

活动连接是利用各种光纤连接器件(插头和插座),将站点与站点或站点与光缆连接起来的一种方法。连接头一般要损耗 10%~20%的光,但它重新配置系统较容易。

2.3.4 光纤的物理特性

光纤是通过光线在折射率由里及外升高的石英玻璃或塑料介质芯片中全反射的原理来完成信号传输的。平常,人眼能看见的光线通常称为可见光,可见光的波长范围为 390~760nm,大于 76nm 部分称为红外光,小于 39nm 部分称为紫外光,一般在光纤中用于通信的光信号为 850nm、1300nm 和 1550nm 这 3 种。与其他通信介质相比,光纤有如下特性。

(1)光纤很轻,每千米光纤重约几十克。比如,提供 2 万多门的模拟语音话路,大约等于 900 对双绞线,其直径总和约为 3in,重量可达 8kg/km,相比之下,通信容量 10 倍于它,光纤直径共约为 0.5in,重量约为 450g/km。

（2）完全的电磁绝缘，因而无须担心内部信号会存在泄露而导致安全问题，更不必考虑外部各种强弱电源系统会对其产生干扰而影响信号传输，特别适合用在电磁干扰较高的场合。

（3）使用光纤，我们不再担心串扰及回波损耗之类的，在安装过程中必须十分注意的微小细节。由于是光通路，与玻璃或塑料性质相同，所以没有电流通过，不产生热和火花，光纤不怕雷击，不怕静电，并有较大的环境适应温度和耐腐蚀性，可以放心地用于严禁烟火的矿企业、库房、人口密集区等场合。

（4）光纤可提供的带宽高出数个吉甚至数百个吉，这可能是未来带宽网络的唯一选择，在保证通信质量的前提下，光纤的无中继传输距离远远大于其他种类线缆，一般可高达数千米。

（5）极高的通信安全保障，大家知道有窃听电话，盗接闭路信号的，但几乎没有人能从一条正在工作的光纤中有任何"意外收获"。所以，光纤是未来网络通信的主要方向，因而无论是相关产品价格还是技术支持都将打消人们的顾虑，因而也是最可靠的选择。

但是，在当前技术条件下，光纤不能完全代替电缆或双绞线，光纤自身强度不够，布线"封弯半径"比较大，用户端的光纤连接线还不能反复接插，另外，虽然光纤本身价格不贵，但所谓的"全光网络光兼容设备"价格较贵，加之光纤安装调试和维护均比较麻烦，因此给双绞线留了很大市场。

2.3.5 光纤的传输特性

光纤技术要比传统的铜介质传输复杂得多，其原因是光纤传输是光脉冲信号而不是电压信号，光纤传输将网络数据的 0 和 1 信号转换为某种光源的灭和亮。这个光源通常是激光管或者是发光二极管，光源发出的光按照被编码的数据实现亮和灭的转换。

目前常用的光纤，通常可分为两种，其传输特性有所不同。对于单模光纤而言，（所谓单模，指光纤的芯层直径仅仅比通过光纤的直径约大 10 倍），一次只能容纳一路光信号通过。因其直径很小，其中光信号几乎是直线穿越，如图 2.9 所示。而另一种是多模光纤，多模光纤的直径较大，能同时容纳多路光信号通过，如图 2.10 所示。有趣的是，多模光纤的通行能力比单模光纤的通行能力要弱，单模光纤通常用于通信容量较大的主干，这是因为单模光纤可最大限度地利用带宽；而多模光纤存在"模态色散"问题，在多模光纤中不同波长（或者也可理解为不同频率）的光信号，在多次反射后产生的传输延迟现象，会影响光纤的带宽，其中一个典例就是，600MB/km 和光纤如果传输距离增加 1 倍，则只有约 300MB 的带宽了，所以多模光纤一般用于数千米左右的传输，再远则需要中继，或直接采用单模光纤。实际上，光脉冲信号在经过光纤后几乎都会产生脉冲畸变或脉冲展宽的现象，这统称为光纤的脉冲色散（这并不是由于信号强度衰减而引起的）。光纤的脉冲色散主要由于模态色散、材料色散和波导色散 3 种原因产生。其中，模态色散指的是不同的传输模沿不同的途径到达终端，各种模的延迟不同，造成输出光脉冲的展宽，模态色散是造成多模光纤传输距离小于单模光纤的主因。

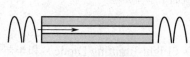

图 2.9 单模光纤

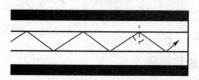

图 2.10 多模光纤

2.3.6 光纤的性能指标

- 衰减：所有的光纤网络安装中的最大问题就是衰减。衰减就是作为数据载体的信号（这全是光信号），在功率上的损失和减弱，它的单位是分贝（dB 或 dB/km，后者是针对某一特定的网络而言的），光纤连接中 3dB 的衰减就大约相当信号损失了 50%。

在一根光纤网络中，从发送端到接收终端之间存在的衰减越大，两者间可能的最大距离就越短。影响光纤中光信号衰减的主要因素有，光纤连接中间的缝隙过大；连接器安装得不正确；光纤本身质地不纯，混有杂质；网线受到过多的弯折；网线受到过分的拉伸。

- 许可度：许可度是指特定的光纤（多模光纤）能接收光信号作为其入射信号的角度。多模光纤中两个或几个信号间的许可角的差异越大，模态色散的影响就越大。
- 数值孔径：数值孔径是易被人们忽略的一个问题，但它是一个非常重要的性能要素，特别是在接合两根光纤网络时，数值孔径是用来表示一根特定的光纤网络容纳光信号的参数，在数值上等于一个包含许可角的数学表达式的值。

数值孔径的数值是一个 0 和 1 之间的小数，值取 0 表示光纤没有接收任何光信号，值取 1 表示光纤接收了入射的所有光信号。数值孔径值越小，光纤接收入射的光信号就越少，光信号能传输出的距离也就越短，反过来，一个较大的值表示信号可以传输得更远，但是只能提供一个较低的带宽。

- 色散：色散是指不同波长的光穿过光纤时散射开的现象，是因为不同的波长的光在同一种介质中的传播速度是不同的。当它们反复反射穿过光纤时，不同波长的光会在光纤壁上以不同的角度反射，不同波长的光会越来越伸展分离，直到在完全不同的时间到达目的地。

2.3.7 光纤通信系统及其构成

1. 光纤通信系统

光纤通信系统是以光波为载体、光导纤维为传输媒体的通信方式，起主导作用的是光源、光纤、光发送机和光接收机。其中，光源是光波产生的根源。光纤是传输光波的导体。光发送机的功能是产生光束，将电信号转变成光信号，再把光信号导入光纤。光接收机的功能是负责接收从光纤上传输的光信号，并将它转变成电信号，经解码后再作相应处理。

2. 组成

光纤通信系统的基本构成，如图 2.11 所示。

图 2.11 光纤通信系统的基本构成

3. 发送和接收

有两种光源可被用作信号源：发光二极管 LED（Light-Emitting Diode）和半导体激光 ILD（Injection Laser Diode）。

光纤的接收端由光电二极管构成，在遇到光时，它给出一个点脉冲。光电二极管的响应时间一般为 1ns,这就是把数据传输速率限制在 1Gbps 内的原因。热噪声也是一个问题,因此光脉冲必须具有足够的能量以便被检测到。如果脉冲能量足够强,则出错率可以降低到非常低的水平。

4．接口

目前使用的接口有两种。

（1）无源接口。由两个接头熔于主光纤形成。接头的一端有一个发光二极管或激光二极管（用于发送）。另一端有一个光电二极管（用于接收）。接头本身是完全无源的,因而是非常可靠的。

（2）有源中继器（Active Repeater）。输入光在中继器中被转变成电信号,如果信号已经减弱,则重新放大到最强度,然后转变成光再发送出去。连接计算机的是一根进入信号再生器的普通铜线。现在已有了纯粹的光中继器,这种设备不需要光电转换,因而可以以非常高的带宽运行。

5．光纤通信系统的主要优点

光缆是数据传输中最有效的一种传输介质,它有以下几个优点。
- 频带较宽。
- 电磁绝缘性能好。光纤电缆中传输的是光束,由于光束不受外界电磁干扰与影响,而且本身也不向外辐射信号,因此它适用于长距离的信息传输及要求高度安全的场合。
- 衰减较小。可以说在较长距离和范围内信号是一个常数。
- 中继器的间隔较大,因此可以减少整个通道中继器的数目,可降低成本。根据贝尔实验室的测试,当数据的传输速率为 420Mbps 且距离为 119km 无中继器时,其误码率为 10^{-8},可见其传输质量很好。而同轴电缆和双绞线每隔几千米就需要接一个中继器。

在使用光缆互联多个小型机的应用中,必须考虑光纤的单向特性,如果要进行双向通信,那么就应使用双股光纤。由于要对不同频率的光进行多路传输和多路选择,因此在通信器件市场上又出现了光学多路转换器。

2.3.8　常用光纤种类

当前通常使用的光纤可为两大类别,单模光纤（Single Mode Fiber,SMF）和多模光纤（Mult Mode Fiber,MMF）,而多模光纤又通常分为突变型和渐变型。所谓突变型,指光纤纤芯玻璃包层的折射率是跃变的。其优点是成本低,但模间色散高,因而通常只适用于短途和低速通信。所谓渐变型光纤,指光纤纤芯到玻璃包层的折射率是逐渐变化的,可使高模光按正弦形式传播,这能减少模间色散,提高光纤带宽,增加传输距离,但相比之下成本较高,现在的多模光纤大多为渐变型光纤。在一般的应用中,通常有两种光纤较为常见,即 8/25 和 62.5/125。它们分别是单模光纤和多模光纤的典型代表,分子表示光纤芯层的直径,分母表示外包层的直径,度量单位是 μm。

除前面提到的可以将光纤分为单模光纤和多模光纤外,还可以根据缆芯的结构分为骨架式、层绞式、束管式和单元式等。根据外面的保护层结构,还可以将光纤分为轻铠装保护层光缆、钢带铠装保护层光缆、聚氯乙烯保护层光缆和其他保护层光缆等；根据不同的敷设方式又有架空敷设光缆、管道敷设光缆、直埋敷设光缆、室外敷设光缆和海底光缆等；而按结构不同又可以分为束管式光缆、层绞式光缆、紧抱式光缆、带式光缆、非金属光缆和可分支光缆等。

一般来说，12芯以下的光缆采用中心束管式，中心束管式工艺简单、成本低（比层绞式光缆的价格便宜15%左右），光缆在远距离架空敷设支干线网络中具有竞争力；层绞式光缆采用中心放置钢绞线或单根钢丝增加强度，采用SZ续合成缆，成缆纤数可达144芯，其最大优点是易于分叉。即光缆部分光纤需分别使用时，不必将整条光缆开断，只将需要分叉的光纤开断即可，因而这对于有线电视网络沿途增设光节点是非常有利的。带状光缆的芯数可做到上千芯，它是将4～12芯光纤排列成行，构成带状光纤单元，再将多个带状单元按一定方式排列成缆。

在网络工程中，一般用62.5μm/125μm规格的多模光纤，有时也用100μm/125μm和100μm/140μm规格的光纤。户外布线大于2km时可选用单模光纤。常用的光纤如下：

- 8.3μm芯、125μm外层、单模。
- 62.5μm芯、125μm外层、多模。
- 50μm芯、125μm外层、多模。
- 100μm芯、140μm外层、多模。

在普通计算机网络中安装光缆是从用户设备开始的。因为光缆只能单向传输。为了实现双向通信，光缆就必须成对出现，一个用于输入，另一个用于输出。光缆两端接光学接口器。

安装光缆需格外谨慎。连接每一条光缆时都要磨光端头，通过电烧烤或化学环氯工艺与光学接口连在一起，确保光通道不被阻塞。光纤不能拉得太紧，也不能成直角。

2.4 布线常用设备

在综合布线系统中，连接设备很多，规格也较复杂。由于连接硬件的功能、用途、装设位置及设备结构有所不同，其技术性能要求也不同。

2.4.1 信息插座

信息插座是网络工程系统中连接器的一种，连接器由插头和插座组成。这两种元件组成的连接器连接于导线之间，以实现导线的电气连续性。信息插座就是连接器中最重要的一种插座。

1. 信息插座的结构

信息插座由底座、模块和面板构成。其核心是模块化插孔。镀金的导线或插座孔可维持与模块化插头弹片间稳定而可靠的电连接。由于弹片与插孔间的摩擦作用，电接触随插头的插入而得到进一步加强。插孔主体设计采用了整体锁定机制，这样当模块化插头（如RJ-45插头）插入时，插头和插孔的界面处可产生最大的拉拔强度。信息插座上的接线块通过线槽来连接双绞线，面板上的锁定弹片可以在信息出口装置上固定信息模块。底座可起固定作用。如图2.12所示分别为信息模块的正视图、侧视图、立体图。

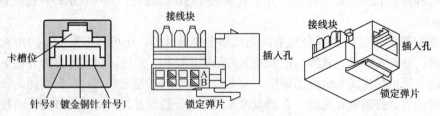

图2.12 信息模块的正视图、侧视图、立体图

常见的非屏蔽模块高 2cm、宽 2cm、厚 3cm，塑体抗高压、有阻燃性，可卡接到任何 M 系列模式化面板、支架或表面安装盒中，并可在标准面板上以 90°（垂直）或 45°斜角安装，模块使用了 T568A 和 T568B 布线通用标准。

为方便用户插拔安装操作，用户也开始喜欢使用 45°斜角操作，为达到这一目标，可以用目前的标准模块加上 45°斜角的面板完成，也可以将模块安装端直接设计成 45°斜角（见图 2.13）。

如图 2.14 所示为 AMP 推出的一种通信插座系统的各种接口。这种插座系统由不同的通信接口和插座组成，不仅支持语音、数据应用模块，还包括同轴接口、音频/视频接口。

图 2.13　45°斜角模块

　超五类数据接口　　电话接口　　同轴接口　　视频接口　　通信接口底座

图 2.14　AMP 推出的一种通信插座系统的各种接口

在一些新型的设计中，应用于多媒体的模块接口看起来甚至与标准的数据/语音模块接口没有太大的区别，这种趋于统一模块化的设计方向带来的好处是各模块使用同样大小的空间及安装配件（见图 2.15）。目前国内外一个应用发展的趋势是 VDV（Voice-Data-Video，语音、数据、视频综合应用）的集成。而新型设计的模块已在用户使用性方面作出了很大的努力。

　数据　　　语音　　音频/视频　　S 端子　　光纤　　MT-RJ 型

图 2.15　同一安装尺寸设计的模块化应用接口

2. 信息插座的位置和配置

（1）信息插座的位置。

信息插座的外形类似于电源插座，而且和电源插座一样也是固定于墙壁上的，其作用是为计算机提供一个网络接口。由于使用普通的双绞线或光缆即可将计算机通过该插座连接到主网络，因此信息插座是终端（工作站）与水平干线子系统连接的接口。水平干线子系统的布线是直接连接跳线板和各信息插座，也就是说，在水平干线子系统中双绞线的两端是直接压到配线架和信息插座中的，不需要跳线。如图 2.16 所示为信息插座在系统中的位置。

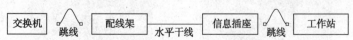

图 2.16　信息插座在布线系统中的位置

(2) 信息插座的配置。

对于整个综合布线系统的设计而言，应该根据实际情况，确定所需信息插座的个数和分布情况，信息插座的个数和位置将决定整个网络的设计和规划。配置信息插座时应注意以下几个方面。

① 根据楼层平面图来计算每层楼的布线面积。

② 估算信息插座的数量，一般应设计两种平面图供用户选择。

- 基本型综合布线系统，一般每个房间或每 $10m^2$ 一个信息插座。
- 增强型、综合型综合布线系统，一般每个房间或每 $10m^2$ 两个信息插座。

③ 确定信息插座的类型。信息插座分为嵌入式和表面安装式两种，不同的安装式样可以满足不同的需要。通常新建的建筑物应采用嵌入式信息插座，而在已有的建筑物上，既可以采用表面安装式信息插座，也可以采用嵌入式信息插座。

3. 信息插座的类型

（1）根据信息插座所使用的面板分类。根据信息插座所使用的面板的不同，信息插座可以分为 3 类。

- 墙上型。墙上型插座多为内嵌式插座，适用于与主体建筑同时完成的布线工程，主要安装于墙壁内或护壁板中，如图 2.17 所示。
- 桌上型。桌上型插座适用于主体建筑完成后进行的网络布线工程，一般既可以安装于墙壁，也可以直接固定在桌面上，如图 2.18 所示。
- 地上型。地上型插座也为内嵌式插座，大多为铜制，而且具有防水的功能，可以根据实际需要随时打开使用，主要适用于地面或架空地板，如图 2.19 所示。

图 2.17 墙上型

图 2.18 桌上型

图 2.19 地上型

（2）根据信息插座所用的信息模块分类。根据信息插座所用的信息模块的不同，信息插座包括以下几种。

① RJ-45 信息模块。RJ-45 信息模块是依据国际标准 ISO/IEC11801TIA/EIA-568 设计制造的，该模块为 8 线式插座模块，适用于双绞线电缆的连接。

RJ-45 信息模块的类型是与双绞线的类型对应的，根据其对应的双绞线的类型，RJ-45 信息模块可以分为三类 RJ-45 信息模块、四类 RJ-45 信息模块、五类 RJ-45 信息模块、超五类 RJ-45 信息模块和六类 RJ-45 信息模块等，如图 2.20 和图 2.21 所示。

图 2.20 RJ-45 信息模块

图 2.21 RJ-45 插座

② 光纤插座模块。光纤插座模块为光纤布线在工作区的信息出口,如图 2.22 所示。为了满足不同场合应用的要求,光纤插座模块有多种类型。

③ 转换插座模块。在综合布线系统中会出现不同类型线缆连接的情况,而通过转换插座模块就可以实现不同类型的水平干线与工作区跳线的连接。目前常见的转换插座是 FA3-10 型转换插座,这种插座可以实现 RJ-45—RJ-11(即 4 对非屏蔽双绞线与电话线)之间的连接,可以充分应用已有资源,将一个 8 芯信息口转换出 4 个两芯电话线插座,如图 2.23 所示。

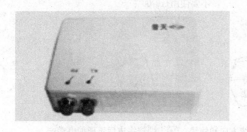
图 2.22 光纤插座(ST)

图 2.23 FA3-10 型转换插座

4. 信息插座的制作

如图 2.24 所示详细介绍了信息模块的端接过程。

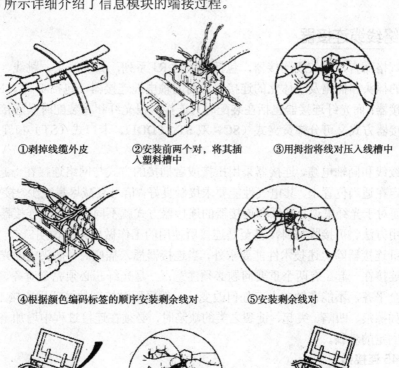

图 2.24 Systimax SCS 61 系列电缆在 MPS100E 模块上的端接过程

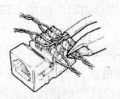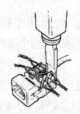

⑨用手指将线对完全推入IDC槽中,然后将导线剪齐,注意不要割断塑料固定柱　⑩使用钳子安装插座帽　⑪如果使用D-打线工具进行导线的端接时,只应使用带有高打线设置的M110切割刀,不要使用110刃

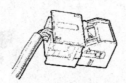

⑫左为D-打线工具刀刃,右为110刃　⑬不要改变电缆的走线方向和使线对散开,如需改变电缆方向,应注意最小弯曲半径的要求　⑭当端接完成后不要使电缆产品扭曲

图 2.24　Systimax SCS 61 系列电缆在 MPS100E 模块上的端接过程（续）

2.4.2　网络线缆连接器

就设备规格而言,双绞线连接器,包括模块的 RJ 系列,如跳线头、跳线、配线架和理线架,模块式的插头和插座及一体化的连接器;而同轴电缆连接器,包括 F 型、N 型、BNC 型同轴电缆连接器;而光纤连接器包括在装配时只连接一根光纤和在装配时只连接两根光纤的连接器,按连接器方式又可分弹簧夹式（SC、双 ST、FDDI）,卡口式（ST）和旋拧式（FC）几种。

对于双绞线和同轴电缆,连接器采用压接或者插接的方式与网络连接在一起,依靠机械力量将组件固定在适当位置上,其电气性能要求接触良好,信号衰减尽量减少,接头牢固,可靠,耐腐防火。而对于光纤来说,光纤和连接器的连接器方式就不同了,每个连接器要求厂家对产品型号、使用方法、可接收材料,甚至是连接所使用的工作做出详细说明。

对于光纤连接器除上述技术性能要求外,当连接器插入插座时,插头中的光纤芯就与插座中的芯对准连接在一起。有两个重要问题必须注意：一是光纤芯必须完全对齐,端对端的连接必须达到完全平齐,不能在轴向上有任何改变,一般采用黏接剂粘接或用压接工具固定光纤;二是在有诸如擦痕、凹陷、突起、锭裂之类的缺陷时,必须在连接过程中增加一个打磨的步骤或"切开"固定的步骤。

1. RJ-45 连接器

（1）含义。

RJ 是 Registered Jack 的缩写,意思是"注册的插座"。RJ 在 FCC（美国联邦通信委员会标准和规章）中的定义是,描述公用电信网络的接口,常用的有 RJ-11 和 RJ-45,计算机网络的 RJ-45 是标准 8 位模块化接口的俗称。在以往的四类、五类、超五类,包括刚刚出台的六类布线中,采用的都是 RJ 型接口。在七类布线系统中,将允许"非-RJ 型"的接口,如 2002 年 7 月 30 日,西蒙公司开发的 TERA 七类连接件被正式选为"非-RJ"型七类标准工业接口的标准模式。TERA

连接件的传输带宽高达 1.2GHz，超过目前正在制定中的 600MHz 七类标准传输带宽。

（2）常用类型。

网络通信领域常见的有 4 种基本 RJ 模块插座，每一种基本的插座可以连接不同构造的 RJ。例如，一个 6 芯插座可以连接 RJ-11（1 对）、RJ-14（2 对）或 RJ-25C（3 对）；一个 8 芯插座可以连接 RJ-61C（4 对）和 RJ-48C。8 芯（Keyed）可连接 RJ-45S、RJ-46S 和 RJ-47S。RJ-45 模块与 RJ-45 连接头（水晶头）是综合布线系统中的基本连接器。如图 2.25 所示为各种常见的 RJ-45 水晶头。

水晶头——RJ-45 屏蔽水晶头（五/超五类）　　水晶头——RJ-45 非屏蔽水晶头（六类）

主体采用聚碳酸酯（PC）符合 UL94V-0 材料要求。　　主体采用聚碳酸酯（PC）符合 UL94V-0 材料要求。

金片分 15、30、50u 镀金层。　　金片分 15、30、50u 镀金层。

铜合金表面镀锡屏蔽壳。　　两层式金片压线。

水晶头插拔 1000 次以上。　　水晶头插拔 1000 次以上。

导体绝缘电阻最小 100MΩ。　　导体绝缘电阻最小 100MΩ。

导体接触电阻最大 39MΩ。　　导体接触电阻最大 39MΩ。

耐压强度：AC 1000V 50Hz。　　耐压强度：AC 1000V 50Hz。

10 磅拉力吊重测试　　10 磅拉力吊重测试

图 2.25　各种常见的 RJ-45 水晶头

（3）RJ-45 水晶头的结构。

RJ-45 水晶头由金属片和塑料构成，制作网线所需要的 RJ-45 水晶接头前端有 8 个凹槽，简称 SE（Position，位置）。凹槽内的金属触点共有 8 个，简称 8C（Contact，触点），因而，业界对此有 8P8C 的别称。特别需要注意的是 RJ-45 水晶头引脚序号，当金属片面对我们的时候，从左至右引脚序号是 1～8，序号对于网络连线非常重要，不能搞错。如图 2.26 所示为常见的 RJ-45 水晶头。

EIA/TIA 的布线标准中规定了两种双绞线的线序：568A 与 568B。

标准 568A：绿白—1，绿—2，橙白—3，蓝—4，蓝白—5，橙—6，棕白—7，棕—8。

标准 568B：橙白—1，橙—2，绿白—3，蓝—4，蓝白—5，绿—6，棕白—7，棕—8。

为了保持最佳的兼容性，普遍采用 EIA/TIA 568B 标准来制作网线。无论是采用 568A 标准，还是 568B 标准，在网络中都是可行的。双绞线的顺序与 RJ-45 头的引脚序号一一对应。10M 以太网的网线使用 1、2、3、6 编号的芯线传递数据，而 100M 网卡需要使用四对线。由于 10M 网卡能够使用按 100M 方式制作的网线；而且双绞线又提供有 4 对线，因而即使使用 10M 网卡，一般也按 100M 方式制作网线。

标准中要求 1、2、3、4、5、6、7、8 线必须是双绞的。这是因为在数据的传输中，为了减少和抑制外界的干扰，发送和接收的数据均以差分方式传输，即每一对线互相扭在一起传输一路差分信号（这也是双绞线名称的由来）。

 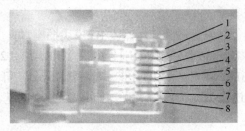

图 2.26　常见的 RJ-45 水晶头

（4）RJ-45 跳线。

跳线即铜连接线，是不带连接器的电缆线对或电缆单元，用在配线架上交接各种链路，由标准的跳线电缆和连接硬件制成。跳线电缆有 2.8 芯不等的铜芯，连接硬件为两个 6 位或 8 位的模块插头，或它们有一个或多个裸线头。跳线主要用在配线架上交接各种链路，可作为配线架或设备连接电缆使用。其中模块化跳线两头均为 RJ-45 接头，采用 TIA/EIA-568A 针结构，并有灵活的插拔设计，防止松脱和卡死。跳线的长度为 0.305~15.25m。模块化跳线在工作区中使用，也可作为配线间的跳线。RJ-45 跳线分为直通线和交叉线。

① 直通线。

两端 RJ-45 水晶头中的线序排列完全相同的跳线称为直通线，它适用于计算机到集线设备的连接。线序排列的标准有两个，即 TIA/EIA-568-A 标准和 TIA/EIA-568-B 标准。

② 交叉线。

交叉线适用于计算机与计算机的连接。交叉线在制作时两端 RJ-45 水晶头中的第 1、2 线和第 3、6 线应对调，即在制作两端 RJ-45 水晶头时，一端采用 TIA/EIA-568-A 标准，另一端采用 T568B 标准。

如图 2.27 所示为各类 RJ-45 跳线。

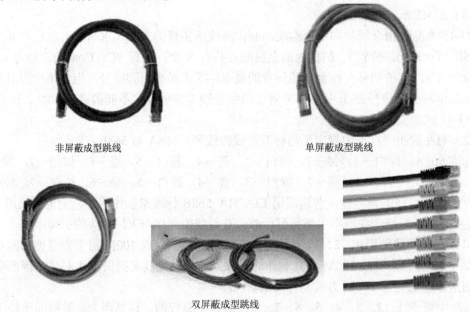

图 2.27　各类 RJ-45 跳线

2. 光纤连接器

在安装任何光纤系统时,都必须考虑以低损耗的方法把光纤或光缆相互连接起来,以实现光链路的接续。光纤链路的接续,又可以分为永久性的接续和活动性的接续两种。永久性的接续,大多采用熔接法、黏接法或固定连接器来实现;活动性的接续,一般采用活动连接器来实现。

光纤活动连接器,俗称活接头,一般称为光纤连接器,是用于连接两根光纤或光缆形成连续光通路的可以重复使用的无源器件,已经广泛应用在光纤传输线路、光纤配线架和光纤测试仪器、仪表中,是目前使用数量最多的光无源器件。

(1) 光纤连接器的基本构成。

目前,大多数的光纤连接器是由三个部分组成的,即两个配合插头和一个耦合管。两个插头装进两根光纤尾端;耦合管起对准套管的作用。另外,耦合管多配有金属或非金属法兰,以便于连接器的安装固定,如图 2.28 所示。

图 2.28 法兰盘

(2) 光纤连接器的对准方式。

光纤连接器的对准方式有两种:高精密组件对准和主动对准。

高精密组件对准方式是最常用的方式,这种方法是将光纤穿入并固定在插头的支撑套管中,将对接端口进行打磨或抛光处理后,在套筒耦合管中实现对准。

主动对准连接器对组件的精度要求较低,可按低成本的普通工艺制造。光学仪表(显微镜、可见光源等)辅助调节,以对准光纤芯。

(3) 光纤连接器的分类。

按照不同的分类方法,光纤连接器可以分为不同的种类,如图 2.29 所示。按照传输媒介的不同,可分为单模光纤连接器和多模光纤连接器;按照结构的不同,可分为 FC、SC、ST、D4、DIN、MT 等各种形式;按照连接器的插针端面,可分为 FC、PC(UPC)和 APC 三种形式;按照光纤芯数的差别,还有单芯、多芯之分。在实际应用中,一般按照光纤连接器结构的不同来加以区分。

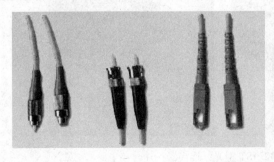 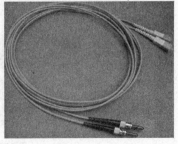

图 2.29 常用的光纤连接器

（4）常见的光纤连接器。

① FC 型光纤连接器（见图 2.30）。FC 是 Ferrule Connector 的缩写，表明其外部加强方式是采用金属套，紧固方式为螺丝扣。最早，FC 类型的连接器，采用的陶瓷插针的对接端面是平面接触方式（FC）。此类连接器结构简单，操作方便，制作容易，但光纤端面对微尘较为敏感，且容易产生菲涅尔反射，提高回波损耗性能较为困难。后来，对该类型连接器做了改进，采用对接端面呈球面的插针（PC），而外部结构没有改变，使得插入损耗和回波损耗性能有了较大幅度的提高。

 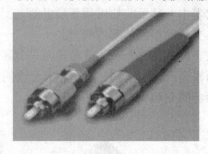

图 2.30　FC 型光纤连接器

② SC 型光纤连接器（见图 2.31）。SC 型光纤连接器外壳呈矩形，所采用的插针与耦合套筒的结构尺寸与 FC 型完全相同，其中插针的端面多采用 PC 型或 APC 型研磨方式；紧固方式是采用插拔销闩式，不需旋转。此类连接器价格低廉，插拔操作方便，介入损耗波动小，抗压强度较高，安装密度高。

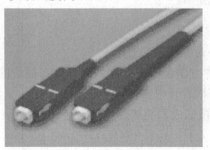 

图 2.31　SC 型光纤连接器

③ ST 型光纤连接器（见图 2.32）。ST 型光纤连接器外壳呈圆形，所采用的插针与耦合套筒的结构尺寸与 FC 型完全相同，其中插针的端面多采用 PC 型或 APC 型研磨方式；紧固方式为螺丝扣。此类连接器适用于各种光纤网络，操作简便，且具有良好的互换性。

 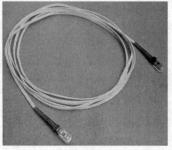

图 2.32　ST 型光纤连接器

④ MT-RJ 型光纤连接器。MT-RJ 带有与 RJ-45 型 LAN 电连接器相同的闩锁机构，通过安装于小型套管两侧的导向销对准光纤，为便于与光信号收发机相连，连接器端面光纤为双芯（间隔 0.75mm）排列设计，是用于数据传输的主要高密度光纤连接器。

⑤ LC 型光纤连接器（见图 2.33）。LC 型光纤连接器是著名的 Bell 研究所研究开发出来的，采用操作方便的模块化插孔（RJ）闩锁机理制成。该连接器所采用的插针和套筒的尺寸是普通 SC、FC 等所用尺寸的一半，为 1.25m，提高了光纤配线架中光纤连接器的密度。目前，在单模 SFF 方面，LC 型光纤连接器实际已经占据了主导地位，在多模方面的应用也迅速增长。

⑥ MU 型光纤连接器（见图 2.34）。MU（Miniature unit Coupling）光纤连接器是以 SC 型连接器为基础研发的世界上最小的单芯光纤连接器。该连接器采用 1.25mm 直径的套管和自保持机构，其优势在于能实现高密度安装。MU 型光纤连接器系列包括用于光缆连接的插座型光连接器（MU-A 系列）、具有自保持机构的底板连接器（MU-B 系列）及用于连接 LD/PD 模块与插头的简化插座（MU-SR 系列）等。随着光纤网络向更大带宽、更大容量方向的迅速发展和 DWDM 技术的广泛应用，社会对该型连接器的需求也将迅速增长。

 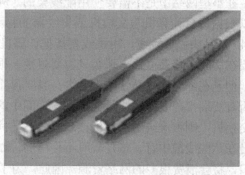

图 2.33　LC 型光纤连接器　　　　　　图 2.34　MU 型光纤连接器

（5）光纤跳线（见图 2.35）。

光纤跳线由一段 1~10m 的光纤与光纤连接器组成，在光纤的两端各接一个连接器即可做成光纤跳线。光纤跳线可以分为单线和双线，由于光纤一般只是进行单向传输，需要通信的设备通常需要连接收/发两根光纤。因此，如果使用单线，则需要两根，而双线则只需要一根。

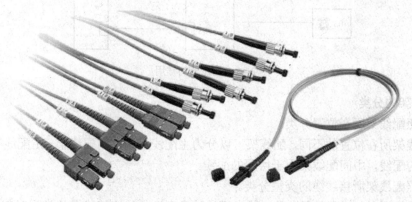

图 2.35　各种光纤跳线——ST/SC/MT-RJ 光纤跳线

根据光纤跳线两端的连接器的类型，光纤跳线有以下几种类型。

- ST-ST 跳线：两端都为 ST 连接器的光纤跳线。
- SC-SC 跳线：两端都为 SC 连接器的光纤跳线。
- FC-FC 跳线：两端都为 FC 连接器的光纤跳线。
- ST-SC 跳线：一端为 ST 连接器，另一端为 SC 连接器的光纤跳线。
- ST-FC 跳线：一端为 ST 连接器，另一端为 FC 连接器的光纤跳线。
- SC-FC 跳线：一端为 SC 连接器，另一端为 FC 连接器的光纤跳线。

2.4.3 配线架

配线架是网络神经的中枢，是管理子系统中最重要的组件，是实现垂直干线和水平布线两个子系统交叉连接的枢纽。配线架通常安装在机柜或墙上。通过安装附件，配线架可以满足 UTP、STP、同轴电缆、光纤、音/视频的需要。

1. 配线架的作用

在小型网络中是不需要使用配线架的。例如，如果在一间办公室内部建立一个网络，我们可以根据每台计算机与交换机或集线器的距离剪一根双绞线，然后在每一根双绞线的两端接 RJ-45 水晶头做成跳线，用跳线直接把计算机和交换机或集线器连接起来就可以了。如果计算机要在房间中移动位置，那么只需要更换一根双绞线就可以了。

但是在综合布线系统中，网络一般要覆盖一座楼宇或几座楼宇。在布线过程中，一层楼上的所有终端都需要通过线缆连接到管理间中的分交换机上。这些线缆数量很多，如果都直接接入交换机，则很难辨别交换机接口与各终端间的关系，也就很难在管理间对各终端进行管理；而且在这些线缆中有一些是暂时不使用的，如果将这些不使用的线缆接入了交换机或集线器的端口，将会浪费很多的网络资源。因此，为了便于管理，节约网络资源，在综合布线系统中必须使用配线架，如图 2.36 所示。

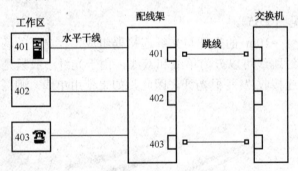

图 2.36 配线架的作用

2. 配线架的分类

（1）按照配线架所在位置分类。

根据配线架所在位置的不同，配线架可以分为主配线架和中间配线架。主配线架用于建筑物与建筑群的配线，中间配线架用于楼层的配线。

（2）按照配线架所接线缆的类型分类。

配线架中主要是信息模块的集合，信息模块的类型必须与连接线缆的类型对应。在网络工程中常分为双绞线配线架和光纤配线架。

（3）按照配线架的端口数量进行分类。

按照配线架的端口数量进行分类，配线架的端口主要有 24 口和 48 口两种形式，应根据所需管理的终端的数量进行选择。

3. 双绞线配线架

双绞线配线架的作用是在管理子系统中将双绞线进行交叉连接，用在主配线间和各分配线间。双绞线配线架的型号很多，每个厂商都有自己的产品系列，并且对应三类、五类、超五类、六类和七类线缆分别有不同的规格和型号，在具体项目中，应参阅产品手册，根据实际情况进行配置。

（1）端接双绞线配线架的工具。

将干线接入双绞线配线架时使用的工具主要有两种：一种是线缆准备工具，另一种是打线工具。

（2）端接双绞线配线架的具体步骤。

① 在双绞线配线架上安装理线器，理线器用于支撑和理顺过多的电缆。

② 利用尖嘴钳将线缆剪至合适的长度。

③ 利用线缆准备工具（剥线钳）剥除双绞线的绝缘层包皮。

④ 依据所执行的标准和配线架的类型，将双绞线的 4 对线按正确颜色顺序一一分开。

⑤ 依据配线架上所指示的颜色，将导线一一置入线槽。

⑥ 利用打线工具端接配线架与双绞线，既可以使用普通打线工具端接，也可以使用多对打线工具端接。多对打线工具在使用上和普通打线工具没有什么区别，只是能同时打 8 条线。

⑦ 重复②至⑥的操作，端接其他双绞线。

⑧ 将线缆理顺，并利用尼龙扎带将双绞线与理线器固定在一起。

⑨ 利用尖嘴钳整理扎带，整理后要使各条线缆比较整齐地排列。

端接好的双绞线配线架背面和正面如图 2.37 和图 2.38 所示。

图 2.37 双绞线配线架背面

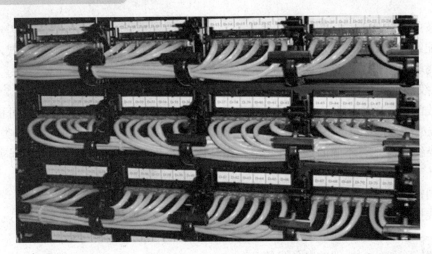

图 2.38　双绞线配线架正面

4. 光纤配线架

光纤配线架（Optical Fiber Distribution Frame，ODF）是光传输系统中一个重要的配套设备，它主要用于光缆终端的光纤熔接、光连接器安装、光路的调接、多余尾纤的存储及光缆的保护等，它对于光纤通信网络安全运行和灵活使用有着重要的作用。

（1）光纤配线架的功能。

光纤配线架作为光缆线路的终端设备拥有以下 4 项基本功能：固定功能、熔接功能、调配功能及存储功能。

（2）光纤配线架的类型选择。

光纤配线架根据结构的不同可分为壁挂式和机架式。壁挂式光纤配线架可直接固定于墙体上，一般为箱体结构，适用于光缆条数和光纤芯数都较小的场所。机架式光纤配线架可直接安装在标准机柜中，适用于较大规模的光纤网络。如图 2.39 所示为光纤配线架。

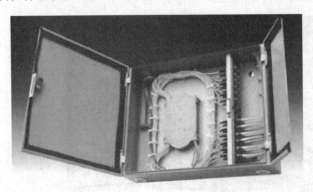

图 2.39　光纤配线架

机架式配线架又分为两种：一种是固定配置的配线架，光纤耦合器被直接固定在机箱上；另一种采用模块化设计，用户可根据光缆的数量和规格选择相对应的模块，便于网络的调整和扩展。如图 2.40 所示为各种光纤配线架。

图 2.40　各种光纤配线架

2.4.4　管材和桥架

在网络工程综合布线系统中，除了线缆外，布线用的线槽和管材及桥架是重要的组成部分。管材一般采用金属管或 PVC 管。一般要求，采用的管材应该具有一定的抗压力，可明敷或暗敷在混凝土内，不怕受压破裂；需具有耐一般酸碱性能力，耐腐蚀，防虫、鼠害；要求阻燃性能好，避免火势蔓延；同时要求传热性能差，能在长时间有效保护线路，保证系统的运行。另外，还要求在外观上做到：表面光滑、壁厚、均匀。

1. 管材

网络布线系统中，可以说，金属槽、PVC 槽，金属管、PVC 管是综合布线系统的基础性材料。在综合布线系统中主要使用的线槽有以下几种情况。

- 金属槽和附件。
- 金属管和附件。
- PVC 塑料槽和附件。
- PVC 塑料管和附件。

（1）金属槽和塑料槽。

金属槽由槽底和槽盖组成，每根槽一般长度为 2m，槽与槽连接时使用相应尺寸的铁板和螺丝固定，如图 2.41 所示。

在综合布线系统中一般使用的金属槽有 50mm×100mm、100mm×100mm、100mm×200mm、100mm×300mm、200mm×400mm 等多种规格。

塑料槽的外形如图 2.42 所示。但它的品种规格更多，从型号上讲有 PVC-20 系列、PVC-25 系列、PVC-25F 系列、PVC-30 系列、PVC-40 系列、PVC-40Q 系列等。从规格上讲有 20mm×12mm、25mm×12.5mm、25mm×25mm、30mm×15mm、40mm×20mm 等。

与 PVC 槽配套的附件有阳角、阴角、直转角、平三通、左三通、右三通、连接头、终端头、接线盒（暗盒、明盒）等。

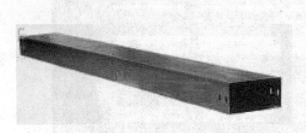
图 2.41 金属槽

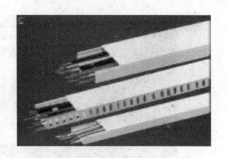
图 2.42 塑料槽

（2）金属管和塑料管。

金属管是用于分支结构或暗埋线路的，它的规格也有多种，以外径 mm 为单位。工程施工中常用金属管有 D16、D20、D25、D32、D40、D50、D63、D25、D110 等规格。

在金属管内穿线比线槽布线难度更大一些，在选择金属管时要注意管径选择大一点，一般管内填充物占 30%左右，以便于穿线。金属管还有一种是软管（俗称蛇皮管），供弯曲的地方使用。塑料管（见图 2.43）产品分为 2 大类：PE 阻燃导管和 PVE 阻能导管。

PE 阻燃导管是一种塑制半硬导管，按外径有 D16、D20、D25、D32 这 4 种规格。其外观为白色，具有强度高、耐腐蚀、挠性好、内壁光滑等优点，明、暗装穿线兼用。它还以盘为单位，每盘重 25kg。

PVC 阻燃导管是以聚氯乙烯树脂为主要原料，加入适量的助剂，经过加工设备挤压成型的刚性导管，小管径 PVC 阻燃导管可在常温下进行弯曲。便于用户使用，按外径有 D16，D20、D40、D45、D63、D25、D110 等规格。

与 PVC 管安装配套的附件有接头，螺圈，弯头，弯管弹簧；一通接线盒，二通接线盒，三通接线盒，四通接线盒，开口管卡，专用截管器，PVC 粗和剂等。如图 2.44 所示为其中的一部分。

图 2.43 塑料管

图 2.44 塑料管附件

2. 桥架

桥架是布线行业的一个术语，是建筑物内布线不可缺少的一部分。桥架分为普通型桥架，重型桥架，槽型桥架。在普通桥架中还可以分为普通型桥架，直边普通型桥架。

在普通桥架中，有以下主要配件供组合：梯架，弯架，三通，四通，多节二通，凸弯通，凹弯通，调高板，短向连接板，调宽板垂直转角连接件、连接板、小平转角连接板、隔离板等。

在直边普通型桥架中有以下主要配件供组合：梯架、弯通、三通、四通、多节二通、凸弯通、凹弯通、盖板、弯通盖板、三通盖、凸弯通盖板、凹弯通盖板、花孔托盘、花孔弯通、花孔四通托盘、连接板垂板、小平转角连接板、端向连接板护板、隔离板、调宽板、端头挡板等。

因重型桥架、槽型桥架在网络布线中很少使用，故不再叙述。

由于建筑物内多种管线平行交叉，空间有限，特别是大型写字楼、金融商厦、酒店、场馆等建筑，信息点密集，线缆敷设除了采用楼板沟槽和墙内埋管方式外，在竖井和屋内天棚吊顶内广泛采用电缆桥架。其中有些是有源线缆，有些则是无源电（光）线缆（如数据电缆、视频同轴电缆等）。因此，在对布线方式和路由选择的排列进行设计时，应该加以区别，不但应该符合规范的要求，还要考虑布线的安全性、可扩性、经济性和美观性，便于维修。电缆桥架作为承载各种电缆敷设的载体，从属于布线的需要，同样应遵循上述原则加以实施。提供不同走向的布线，弱电系统的各种线缆分类布放在桥架内，其最佳路由选择和安装方式要根据走向的要求，并结合建筑结构和空调、电气等管线协商的位置加以确定。无源线缆不能与有源电缆并排铺设，如受条件所限铺放同一桥架内，其间必须采用金属隔板分隔，引出的线缆尽量避免平面交叉。桥架穿越楼板、墙体或伸缩缝时，应该在建筑图上标出预留相应的空间和位置，避免因遗漏等到施工时临时钻孔可能伤及土建结构。为了防止电磁辐射的干扰（EMC），在桥架的设计中，应考虑桥架的封闭性。

电缆桥架又分为槽式、托盘式等结构，由支架、托臂和安装附件等组成。选型时应注意桥架的所有零部件是否符合系列化、通用化、标准化的成套要求。建筑物内桥架可以独立架设，也可以附设在各种建（构）筑物和管廊支架上，应体现结构简单、造型美观、配置灵活和维修方便等特点，全部零件均需进行镀锌处理，安装在建筑物外露天的桥架，如果是在邻近海边或属于腐蚀区，则材质必须具有防腐、耐潮气、附着力好、耐冲击、强度高的物理特点。

为了减轻重量还可以采用铝合金电缆和玻璃钢桥架，其外形尺寸、荷载特性均与钢质桥架基本相近，由于铝、钢比重不同，按重量计算，铝钢之比约为 1∶3，根据两种材质的市场价折算，铝合金桥架的造价费用较之同类镀锌钢桥架要高出 1.5～2.0 倍。但因为铝合金桥架具有美观、重量轻、安装方便等优点，近年来，铝合金桥架已在有的工程中加以应用。

2.4.5 电缆支撑硬件

在综合布线工程中，由于根据 ANSI/TIA/EIA-569-A 标准的要求，必须对所有安装在开放式吊顶上方的通信电缆进行支撑，因此在布线工业中有很多电缆支撑产品都支撑通信电缆，最常见的电缆支撑设备包括：

- J 形钩。
- 吊线环。
- 电缆夹。
- 电缆扎带。

1. J 形钩

J 形钩是指形状像字母 J 的一个电缆支撑硬件，其设计使得通信电缆可以轻易地安装在 J 形钩硬件内。J 形钩是一个预制电缆支撑设备，它接在建筑物的墙壁上或横梁上，放置在电缆路径上的间隔是 1.2～1.5 m 的位置上，或者放置在指定的支撑点上。

2. 吊线环

吊线环是末端有开环的电缆支撑设备。在布线工程中，吊线环用螺钉固定在木制的横梁上，或者用夹子固定在钢制横梁上。吊线环对于支撑一条电缆或者由 5～10 条电缆组成的小型电缆组非常方便。

3. 电缆夹

电缆夹是一种常见的电缆支撑元件，许多生产厂商都在生产。电缆夹是很小的弯曲的金属夹，它可以通过吸附作用直接固定在建筑物横梁或者悬线上。在综合布线工程中，电缆夹通常用来支撑一条电缆。

4. 电缆扎带

电缆扎带是一种相对新型的电缆支撑设备，通常是一些塑料宽带子。这种电缆支撑设备包在一组电缆外，电缆扎带的两端必须挂在 J 形钩、支架或者某种电缆支撑设备上。

2.4.6 机柜

标准机柜和墙柜广泛应用于计算机网络设备、有/无线通信器材、电子设备的叠放，机柜具有增强电磁屏蔽、削弱设备工作噪声、减少设备地面面积占用的优点，对于一些高档机柜，还具备空气过滤功能，以提高精密设备工作环境质量。很多工程级的设备的面板宽度都采用 19in，所以 19in 的机柜是最常见的一种标准机柜。

标准机柜的结构比较简单，主要包括基本框架、内部支撑系统、布线系统、通风系统。19in 标准机柜外形有宽度、高度、深度 3 个常规指标。虽然对于 19in 面板设备安装宽度为 465.1mm，但机柜的物理宽度常见的产品为 600mm 和 800mm 两种。高度一般为 0.7～2.4m，根据柜内设备的多少和统一格调而定，通常厂商可以定制特殊的高度，常见的成品 19in 机柜高度为 1.6m 和 2m。机柜的深度一般为 400～800mm，根据柜内设备的尺寸而定，通常厂商也可以定制特殊深度的产品，常见的成品 19in 机柜深度为 500mm、600mm、800mm。19in 标准机柜内设备安装所占高度用 U 表示（1U=44.45mm）。使用 19in 标准机柜的设备面板一般都是按 nU 的规格制造的。对于一些非标准设备，大多可以通过附加适配挡板装入 19in 机柜并固定。

机柜的材料与机柜的性能有密切的关系，制造 19in 标准机柜的材料主要有铝型材料和冷轧钢板两种材料。由铝型材料制造的机柜比较轻便，适合堆放轻型器材，且价格相对便宜。铝型材料也有进口和国产之分，由于质地不同，所以制造出来的机柜物理性能也有一定差别，尤其一些较大规格的机柜更容易出现差别。冷轧钢板制造的机柜具有机械强度高、承重量大的特点。同类产品中钢板用料的厚薄和质量及工艺都直接关系到产品的质量和性能，有些廉价的机柜使用普通薄铁板制造，虽然价格便宜，外观也不错，但性能大打折扣。

19in 标准机柜从组装方式来看，大致有一体化焊接型和组装型。一体化焊接型价格相对便宜，焊接工艺和产品材料是关键，而劣质产品遇到较重的负荷容易产生变形。组装型是目前比较流行的形式，包装中都是散件，需要时可以迅速组装起来，而且调整方便，灵活性强。另外，机柜的制作水准和表面油漆工艺，以及内部隔板、导轨、滑轨、走线槽、插座的精细程度和附件质量也是衡量标准机柜品质的参考指标。好的标准机柜不但稳重，符合主流的安全规范，而且设备装入平稳、固定稳固。机柜前后门和两边侧板密闭性好，柜内设备受力均匀，而且配件丰富，能适合各种应用的需要。

与机柜相比，机架具有价格相对便宜，搬动方便的优点。不过机架一般为敞开式结构，不像机柜采用全封闭或半封闭结构，所以自然不具备增强电磁屏蔽、削弱设备工作噪声等特性。同时在空气洁净程度较差的环境中，设备表面更容易积灰。机架主要适合一些要求不高的设备叠放，以减少占地面积。由于机架价格比较便宜，所以对于要求不高的场合，采用机架可以节省不少费用。如图 2.45、图 2.46 和图 2.47 所示分别为 19in 标准机柜、挂墙式网络机柜及开放式机架实物图。

第2章 网络传输介质与布线常用设备

图2.45 19in 标准机柜

图2.46 挂墙式网络机柜

图2.47 开放式机架

2.4.7 常用工具

如图2.48所示为常用压接工具。

A68压接工具
型号：F-409TM-A68

3140型1对打线工具
型号：F-411TM-XT3140

110系统5对打线工具
型号：F-413TM-5-110S

剥线刀工具
型号：F-412T

RJ-45压接工具
型号：F-407TM

塑胶压接剥线工具
型号：F-407T

英式塑胶压接工具
型号：F-403T

塑胶压接工具
型号：F-402T

图2.48 常用压接工具

实训1 水晶头端接和跳线制作

1. 实训目的
（1）理解水晶头端接和跳线的制作方法。

（2）了解水晶头端接和跳线的测试方法。

2. 实训内容

（1）观看视频制作过程。

（2）制作 RJ-45 水晶头。

（3）测试。

3. 实训方法

双绞线（Twisted Pair，TP）是网络工程中最常用的一种传输介质。双绞线由两根具有绝缘保护层的铜导线组成，其直径一般为 0.4～0.65mm，常用的是 0.5mm。它们各自包在彩色绝缘层内，按照规定的绞距互相扭绞成一对双绞线。把两根绝缘的铜导线按一定密度互相绞在一起，可降低信号干扰的程度，每一根导线在传输中辐射的电波会被另一根线上发出的电波抵消。双绞线一般由两根 22 号～26 号绝缘铜导线相互缠绕而成。

下面介绍 RJ-45 水晶头端接步骤。

（1）利用斜口钳剪下所需要的双绞线长度，至少 8cm，最多不超过 10cm。用双绞线剥线器（实际用什么剪都可以）将双绞线的外皮除去 2～3cm。有一些双绞线电缆上含有一条柔软的尼龙绳，如果在剥除双绞线的外皮时，觉得裸露出的部分太短，而不利于制作 RJ-45 接头时，可以紧握双绞线外皮，再捏住尼龙线往外皮的下方剥开，就可以得到较长的裸露线（见图 2.49）。

（2）剥线完成后的双绞线电缆如图 2.50 所示。

图 2.49　剥开双绞线　　　图 2.50　剥开后的双绞线

（3）进行拨线的操作。将裸露的双绞线中的橙色对线拨向自己的前方，棕色对线拨向自己的方向，绿色对线拨向左方，蓝色对线拨向右方，如图 2.51 所示，上橙，左绿，下棕，右蓝。

（4）将绿色对线与蓝色对线放在中间位置，而橙色对线与棕色对线保持不动，即放在靠外的位置，如图 2.52 所示，左一为橙，左二为蓝，左三为绿，左四为棕。

图 2.51　分开后的双绞线　　　图 2.52　双绞线的顺序

（5）小心地拨开每一对线，白色混线朝前。因为我们是遵循 EIA/TIA 568B 的标准来制作接头的，所以线对颜色是有一定顺序的，如图 2.53 所示。

需要特别注意的是，绿色条线应该跨越蓝色对线。这里最容易犯错的地方就是将白绿线与绿线相邻放在一起，这样会造成串扰，使传输效率降低。左起：白橙/橙/白绿/蓝/白蓝/绿/白棕/棕。常见的错误接法是将绿色线放到第 4 只脚的位置，如图 2.54 所示。

图 2.53　将双绞线分开　　　　图 2.54　注意双绞线的排列顺序

应该将绿色线放在第 6 只脚的位置才是正确的，因为在 100BaseT 网络中，第 3 只脚与第 6 只脚是同一对的，所以需要使用同一对线（见标准 EIA/TIA 568B）。左起：白橙/橙/白绿/蓝/白蓝/绿/白棕/棕。

（6）将裸露出的双绞线用剪刀或斜口钳剪下只剩约 14mm 的长度，之所以留下这个长度是为了符合 EIA/TIA 的标准，可以参考有关用 RJ-45 接头和双绞线制作标准的介绍。再将双绞线的每一根线依序放入 RJ-45 接头的引脚内，第一只引脚内应该放白橙色的线，其余类推，如图 2.55 所示。

（7）确定双绞线的每根线已经正确放置之后，就可以用 RJ-45 压线钳压接 RJ-45 接头。市面上还有一种 RJ-45 接头的保护套，可以防止接头在拉扯时造成接触不良。使用这种保护套时，需要在压接 RJ-45 接头之前就将这种胶套插在双绞线电缆上，如图 2.56 所示。

图 2.55　插入双绞线　　　　图 2.56　检查双绞线是否到位

（8）重复（2）～（7），另一端 RJ-45 接头的引脚接法完全一样。这种连接方法适用于计算机和集线设备的连接，称为直通线。完成的 RJ-45 接头应该如图 2.57 所示。

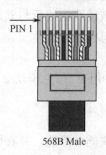

图 2.57　直通线的排列

跳线就是指铜连接线，由标准的跳线电缆和连接硬件制成，跳线用在配线架上交接各种链路，可作为配线架或设备连接电缆使用。经常提到的双机互联跳线并非综合布线中使用的标准跳线，而是一种特殊的硬件设备连接线。双绞线将两台 PC 电脑直接连接时，或两台交换机要通过 RJ-45 口对接时，就需要使用 crossover（俗称交叉连接线、跳线）。它按照了一个专门的连接顺序。

交叉网线用于计算机与计算机的连接或集线设备的级联。制作方法和上面基本相同,只是在线序上采用了 1—3、2—6 交换的方式,也就是一头使用 568B 制作,另外一头使用 568A 制作,如图 2.58 所示。

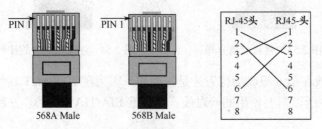

图 2.58　交叉线的排列

4. 实训思考

（1）T568B 标准规定的线序分别是什么?

（2）简述如何利用测试仪检查双绞线的导通性。

（3）双绞线连接过程中分为直通双绞线和交叉双绞线的连接,简述它们之间的区别。

（4）可否用万用表测试双绞线的导通性?

实训 2　信息模块的制作

1. 实训目的

通过练习掌握信息模块的制作方法与步骤。

2. 实训内容

要求学生首先将一根双绞线连接两个信息模块,然后利用做好的两根网线各连接一个信息模块,再用测线仪测试导通情况。

3. 实训方法

（1）将双绞线从头部开始将外套层去掉 20mm 左右,并将 8 根导线理直。

（2）按照信息模块的标识色块,双绞线的线色与其对应一致,卡入信息模块端口中。

（3）用打线工具将双绞线打入信息模块中。

（4）检查后进行测试。

器材配备：按实验组提供（2 人一组）：信息模块 2 个、双绞线 1.2m；打线工具一把、测试仪一套、制作好的网线两根。

4. 实训思考

（1）请在实验报告中画出信息模块的外形图,并在图上标记线序。

（2）比较信息模块与 RJ-45 水晶头制作的方法与步骤,总结出要领。

实训 3　光纤的熔接

1. 实训目的

（1）熟悉光纤熔接工具的功能和使用方法。

(2) 熟悉光缆的开剥及光纤端面制作。
(3) 掌握光纤熔接技术。
(4) 学会使用光纤熔接机熔接光纤。

2. 实训内容

(1) 观看视频制作过程。
(2) 熟悉光纤熔接工具。
(3) 要求学生严格按照光纤熔接的过程进行操作。

3. 实训方法

光纤熔接是光纤传输系统中工程量最大、技术要求最复杂的重要工序,其质量好坏直接影响光纤线路的传输质量和可靠性。光纤熔接的方法一般有熔接、活动连接和机械连接3种。其中,熔接法的节点损耗小,反射损耗小,可靠性高,在实际工程中经常使用。

(1) 光纤熔接时应遵循的原则。

芯数相同时,将同束管内的对应光纤熔接;芯数不同时,按顺序先熔接大芯数再熔接小芯数,常见的光缆有层绞式、骨架式和中心管束式光缆,纤芯的颜色按顺序分为蓝、桔、绿、棕、灰、白、红、黑、黄、紫、粉、青。多芯光缆把不同颜色的光纤放在同一管束中成为一组,这样一根光缆内可能有好几个管束。正对光纤横切面,把红束管看作光缆的第一管束,顺时针依次为绿、白1、白2、白3等。

(2) 准备熔接工具。

光纤熔接过程中使用的主要工具有光纤熔接机、光纤切割机、光纤剥纤钳、光纤多孔钳、剪刀、酒精棉、热缩套管、卫生纸、标签等。其中,光纤熔接机用来熔接光纤,光纤切割刀用来制作光纤端面,剥纤钳用来剥去光纤束管和涂覆层,热缩套管放在光纤熔接处保护光纤。工具准备好后,把熔接机放在整洁水平的地面或平台上,准备开始熔接。

(3) 熔接光纤。

① 去皮工作。使用光纤多孔钳剥离光纤表面皮层大约16cm左右长(见图2.59),使用凯夫拉剪刀剪掉纺纶线,用卫生纸擦拭涂覆层(见图2.60)。并使用光纤剥纤钳剥去5~6cm长的光纤,使用光纤剥线钳前面的粗口剥掉光纤包裹层,并用里面的小口剥去光纤表面的透明包裹层(见图2.61)。注意不要用力过大,以免弄断光纤。

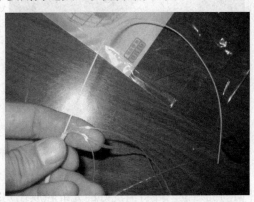

图2.59 剥皮后的光纤

图 2.60 擦拭涂覆层

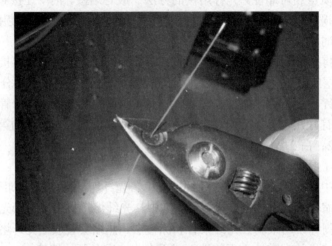

图 2.61 剥掉光纤包裹层

② 清洗工作。使用酒精棉对剥好的光纤进行擦洗两次,用力要适度,确保光纤上无异物,如图 2.62 所示。

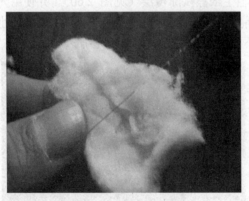

图 2.62 酒精棉擦洗光纤

③ 切割工作。将光纤切割机归位,并将清洗好的光纤轻放在光纤切割机上(见图 2.63),注意在放的过程中不要推拉,以免粘上异物。盖好盖子进行光纤的切割(见图 2.64)。注意在切割好拿出的过程中不要触碰物体,以免有损光纤。切割后的光纤如图 2.65 所示。

图 2.63　光纤轻放在光纤切割机上

图 2.64　切割光纤

图 2.65　切割后的光纤

④ 熔接工作。光纤切割好要立即放到熔接机中，熔接机平台要保证洁净无灰尘，如有灰尘要用酒精棉球擦拭干净；放置光纤时要放到熔接机的 V 形槽中，小心压上光纤压板和光纤夹具，要根据光纤切割长度设置光纤在压板中的位置。将另一根光纤也放入熔接机，并将热缩管套在光纤上。关上防风罩。按 Auto 键自动熔接。如图 2.66～图 2.69 所示。

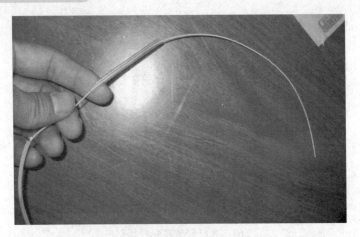

图 2.66 热缩管套在光纤上

图 2.67 光纤放在熔接机上

图 2.68 熔接

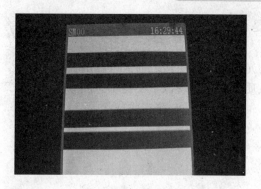

图 2.69　熔接成功

⑤ 加热工作。用加热炉加热热缩管。打开防风罩，把光纤从熔接机上取出，再将热缩管放在裸纤中心，放到加热炉中加热，大约 40～60s 后，加热指示灯熄灭，光纤不要着急拿出，待热缩管晾一会定型后再取出，如图 2.70～图 2.72 所示。

图 2.70　套热缩管套

图 2.71　加热热缩管

图 2.72　熔接好的光纤

⑥ 检查设备、工具是否齐全完好并清理现场垃圾。

4. 实训思考

（1）为什么熔接后的光功率应比熔接之前大？

（2）在目测光纤接头质量时，出现以下不良状态的原因是什么？如何处理？

① 接头有痕迹；② 轴向偏移；③ 接头成球状。

思考与练习

1. 表征双绞线性能的指标有哪些？
2. 试比较 UIP 和 STP 对绞线的优缺点。
3. 请简要叙述光缆的结构和传输原理。
4. 光缆主要有哪些类型？
5. 制作 RJ-45 水晶头并进行测试。
6. 制作信息模块并进行测试。
7. 简述配线架的作用及接入方法。

第3章 综合布线系统设计与实施

结构化布线系统是基于模块化子系统的概念构筑而成的,每个模块化子系统都相互独立,而又相互协作构成了一个完整的建筑综合布线系统(见图3.1),结构化布线系统的每一个子系统的设计和安装都独立于其他的布线子系统。所有的结构化布线子系统都互相连接并以一个单独的布线系统的形式共同工作,这使得可以在不影响其他子系统的情况下对一个子系统进行改变,从而推进了系统的发展,并增加了灵活性。

结构化布线系统包括:
- 工作区子系统。
- 水平子系统。
- 垂直子系统。
- 设备间子系统。
- 管理间子系统。
- 建筑群子系统。

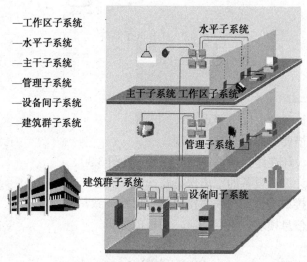

图3.1 综合布线系统

3.1 工作区子系统

一个局域网络是由多个工作区子系统组成的,工作区子系统由用户计算机、语音点、数据点的信息插座和跳线组成,其中包括信息插座、信息模块、网卡和连接所需要的跳线,如果需要语音点,需再配备电话机。

一个独立的工作区通常拥有一台计算机和一部电话机,设计的等级分为基本型、增强型、综合型。目前绝大部分新建工程采用增强型设计等级,为语音点和数据点互换奠定基础。

一个语音点可端接的电话机数应视用户采用的线路而定。如果是二线制电话机,可端接四部电话机;如果是四线制电话,只能端接两部电话机;如果是六线、八线制,只能端接一部电话机。应根据用户的实际情况来决定。

工作区子系统在终端设备和输入/输出之间实现搭接,它相当于电话配线系统中连接话机的用户线及话机部分,如图3.2所示。终端设备可以是电话机、微机和数据终端,也可以是仪器仪表、传感器的探测器。

工作区可支持电话机、数据终端、微型计算机、电视机、监视及控制等终端设备的设置和安装。

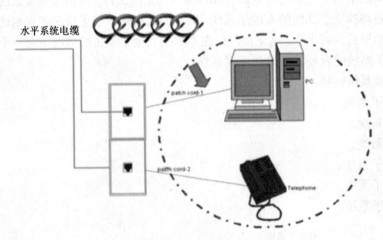

图 3.2 工作区子系统

3.1.1 设计要点

工作区子系统设计要考虑以下要点。

(1) 工作区内线槽要布置得合理、美观。
(2) 信息插座要设计在距离地面 30cm 以上(见图 3.3)。
(3) 信息插座与计算机设备的距离保持在 5m 范围内。
(4) 购买的网卡接口类型要与线缆接口类型保持一致。
(5) 所有工作区信息模块、信息插座、面板的数量。
(6) RJ-45 的数量。
(7) 基本链路长度限在 90m 内,信道长度限在 100m 内。

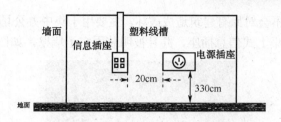

图 3.3　信息插座距地面的高度

建筑物的功能类型较多，大体上可以分为商业、文化、媒体、体育、医院、学校、交通、住宅、通用工业等。因此，工作区面积的划分应对应用场合进行具体分析后再确定，工作区面积需求如表 3.1 所示。

表 3.1　工作区面积划分表

建筑物类型及功能	工作区面积（m²）
网管中心、呼叫中心、信息中心等终端设备较为密集的场地	3～5
办公区	5～10
会议、会展	10～60
商场、生产机房、娱乐场所	20～60
体育场馆、候机室、公共设施区	20～100
工业生产区	60～200

3.1.2　布线方案

工作区内的布线主要包括地板布放式、护壁板式和埋入式等几种布线方式。

1. 高架地板布放式

若服务器机房或其他重要场合采用高架防静电地板（见图 3.4），则可采用高架地板布放方式。该方式施工简单、管理方便、布线美观，并且可以随时扩充。

图 3.4　高架防静电地板

先在高架地板下安装布线管槽，然后将缆线穿入管槽，再分别连接至安装于地板上的信息插座和配线架即可。当采用该方式布线时，应当选用地上型信息插座，并将其固定在高架地板上。

2. 护壁板式

所谓护壁板式，是指将布线管槽沿墙壁固定并隐藏在护壁板内的布线方式。该方式由于无须挖墙壁和地面，因而不会对原有建筑造成破坏，主要用于集中办公场所、营业大厅等机房的布线。该方式通常使用桌上式信息插座，并且被明装固定于墙壁，如图 3.5 所示。

图 3.5　护壁板式布线

3. 埋入式

如果要布线的楼宇还在施工，那么可以采用埋入式布线方式，将线缆穿入 PVC 管槽内、地板垫层中或墙壁内。该方式通常使用墙上型信息插座，并且底盒被暗埋于墙壁中，如图 3.6 所示。

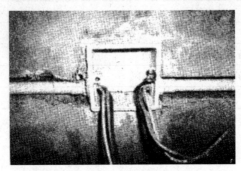

图 3.6　埋入式布线

3.1.3　布线材料及设备的选择

工作区的每个信息插座都应该支持电话机、数据终端、计算机及监视器等终端设备，同时，为了便于管理和识别，有些厂家的信息插座做成多种颜色：黑、白、红、蓝、绿、黄。这些颜色的设置应符合 TIA/EIA 606 标准。工作区的布线材料主要是连接信息插座与计算机的跳线及必要的适配器。

1. 跳线

对跳线的选择，应当遵循以下规定：

- 跳线使用的线缆必须与水平布线完全相同，并且完全符合布线系统标准的规定。
- 每个信息点需要一条跳线。
- 跳线的长度通常为 2~3m，最长不超过 5m。
- 如果水平布线采用超五类非屏蔽双绞线，从节约投资的角度看，可以手工制作跳线。
- 如果采用六类或七类布线，则建议购置成品跳线。
- 如果水平布线采用光缆，那么，光纤跳线的芯径与类别必须与水平布线保持一致。

2. 适配器

工作区适配器的选用应符合下列要求：

- 在设备连接器处采用不同信息插座的连接器时，可以使用专用电缆或适配器。
- 当在单一信息插座上进行两项服务时，应用 Y 型适配器。
- 在水平子系统中选用的电缆类别（介质）不同于设备所需的电缆类别时，应采用适配器。
- 在连接使用不同信号的数模转换或数据速率转换等相应的装置时，应采用适配器。
- 对于网络规程的兼容性，可用配合适配器。
- 根据工作区内不同的电信终端设备（如 ISDN 终端）可配备相应的终端匹配器。

3.1.4 工作区子系统的安装技术

1. 信息插座安装位置

GB50311—2007《综合布线系统工程设计规范》第 6 章安装工艺要求内容中，对工作区的安装工艺提出了具体要求。

（1）地面安装的信息插座，必须选用地弹插座，嵌入地面安装，使用时打开盖板，不使用时盖板应该与地面高度相同。

（2）墙面安装的信息插座底部离地面的高度宜为 0.3m，嵌入墙面安装，使用时打开防尘盖插入跳线，不使用时，防尘盖自动关闭，与电源插座保持一定的距离。

2. 信息插座安装原则

（1）在教学楼、学生公寓、实验楼、住宅楼等不需要进行二次区域分割的工作区，信息插座宜设计在非承重的隔墙上，并靠近设备使用的位置。

（2）写字楼、商业、大厅等需要二次分割和装修的区域，信息点宜设置在四周墙面上，也可以设置在中间的立柱上，但要考虑二次隔断和装修时的扩展方便性和美观性。大厅、展厅、商业收银区在设备安装区域的地面设置足够的信息点插座。墙面插座底盒下缘距离地面高度为 0.3m，地面插座底盒应低于地面。

（3）学生公寓等信息点密集的隔墙，宜在隔墙两面对称设置。

（4）银行营业大厅的对公区、对私区和 ATM 自助区信息点的设置要考虑隐蔽性和安全性。特别是离行式 ATM 机的信息插座不能暴露在客户区。

（5）电子屏幕、指纹考勤机、门警系统信息插座的高度应参考设备的安装高度设置。

3. 插座底盒安装步骤

插座底盒安装时，一般按照下列步骤进行。

（1）检查质量和螺丝孔。打开产品包装，检查合格证，目视检查产品的外观质量情况和配套螺丝。重点检查底盒螺丝孔是否正常，如果其中有 1 个螺丝孔损坏，坚决不能使用。

（2）去掉挡板。根据进出线方向和位置，取掉底盒预留孔中的挡板。注意需要保留其他挡板，如果全部取消后，在施工中水泥砂浆会灌入底盒。

（3）固定底盒。明装底盒按照设计要求用膨胀螺丝直接规定哪个在墙面。安装底盒首先使用专门的管接头把线管和底盒连接起来，这种专用接头的关口有圆弧，既方便穿线，又能保护线缆不被划伤或者损坏。然后用膨胀螺丝或者水泥砂浆固定底盒。

同时注意底盒嵌入墙面不能太深，如果太深，配套的螺丝长度不够，无法固定面板。

（4）成品保护。安装底盒的安装一般在土建过程中进行，因此在底盒安装完毕后，必须进行成品保护，特别要保护螺丝孔，防止水泥砂浆灌入螺孔或者穿线管内。一般做法是在底盒外侧盖上纸板，也有用胶带纸保护螺孔的做法。具体过程如图 3.7 至图 3.10 所示。

图 3.7 检查底盒　　　　图 3.8 去掉上方挡板

图 3.9 固定底盒　　　　图 3.10 底盒保护

4. 网络模块安装步骤

这里指的是 RJ-45 信息模块,满足 T-568A 超五类传输标准,符合 T568A 和 T568B 线序,适用于设备间与工作区的通信插座连接。信息模块的端接方式的主要区别在下述的 T568A 模块和 T568B 模块的内部固定连线方式。两种端接方式所对应的接线顺序如下所示:

T568A 模式　①白绿　②绿　③白橙　④蓝　⑤白蓝　⑥橙　⑦白棕　⑧棕

T568B 模式　①白橙　②橙　③白绿　④蓝　⑤白蓝　⑥绿　⑦白棕　⑧棕

(1) 需打线型 RJ-45 信息模块安装。

RJ-45 信息模块前面插孔内有 8 芯线针触点分别对应着双绞线的 8 根线;后部两边分列各 4 个打线柱,外壳为聚碳酸酯材料,打线柱内嵌有连接各线针的金属夹子;有通用线序色标清晰注于模块两侧面上,分两排。A 排表示 T568A 线序模式,B 排表示 T568B 线序模式。这是最普通的需打线工具打线的 RJ-45 信息模块,如图 3.11 所示。

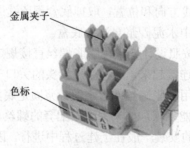

图 3.11 打线型 RJ-45 信息模块

具体的制作步骤如下。

① 将双绞线从暗盒里抽出，预留 40cm 的线头，剪去多余的线。用剥线工具或压线钳的刀具在离线头 10cm 长左右处将双绞线的外包皮剥去，如图 3.12 所示。

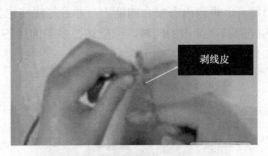

图 3.12　剥线皮

② 把剥开的双绞线线芯按线对分开，但先不要拆开各线对，只有在将相应线对预先压入打线柱时才拆开。按照信息模块上所指示的色标选择我们偏好的线序模式（注：在一个布线系统中最好只统一采用一种线序模式，否则接乱了，网络不通很难查），将剥皮处与模块后端面平行，两手稍旋开绞线对，将导线压入相应的线槽内，如图 3.13 所示。

图 3.13　压线

③ 全部线对都压入各槽位后，就可用 110 打线工具（见图 3.14）将一根根线芯进一步压入线槽中。

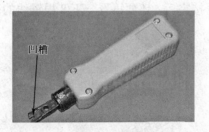

图 3.14　110 打线工具

110 打线工具的使用方法是切割余线的刀口永远是朝向模块的外侧，打线工具与模块垂直插入槽位，垂直用力冲击，听到"咔嗒"一声，说明工具的凹槽已经将线芯压到位，已经嵌入金属夹子里，金属夹子并已经切入结缘皮咬合铜线芯形成通路。这里千万注意以下两点：刀口向外——若忘记，变成向内，压入的同时也切断了本来应该连接的铜线；垂直插入——打斜了的话，将使金属夹子的口撑开，再也没有咬合的能力，并且打线柱也会歪掉，难以修复，这个模块可就报废了。新买的好刀具在冲击的同时，应能切掉多条的线芯，若不行，多冲击几次，并可以用手拧掉，如图3.15所示。

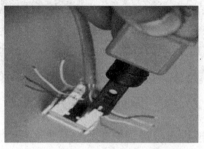

图 3.15 打线

④ 将信息模块的塑料防尘片扣在打线柱上，并将打好线的模块扣入信息面板上。打线时务必选用质量有保证的打线钳，否则一旦打线失败会对模块造成不必要的损失。

（2）免打线型 RJ-45 信息模块安装。

免打线型 RJ-45 信息模块的设计便于无须打线工具而准确快速地完成端接，没有打线柱，而是在模块的里面有两排各 4 个的金属夹子，而锁扣机构集成在扣锁帽里，色标也标注在扣锁帽后端，端接时，用剪刀裁出约 4cm 的线，按色标将线芯放进相应的槽位，扣上，再用钳子压一下扣锁帽即可（有些可以用手压下，并锁定）。扣锁帽确保铜线全部端接并防止滑动，多为透明，以方便观察线与金属夹子的咬合情况，如图 3.16 所示。

下面介绍 RJ-45 水晶头的压接方法。在上面信息模块，我们按 T568A 标准打线，所以这里的水晶头也是按 T568A 标准压接。

将五类双绞线外皮剥掉 2cm，绞开线对拉直，按 T568A 标准线序将各色线紧密平行在手上排列，再留约 1cm，裁平线头。左手抓住水晶头，右手小心地将排好 T568A 标准线序的网络插入水晶头，注意水晶头里有槽位，只容一条线芯通过，一线一槽才插得进去。右手要尽力插入，同时左右摇一摇，以求让线芯插到尽头，并在尽头也平整。这一点可以从水晶头的端面看得出来，若能见到全数 8 根铜线的亮截面，说明已经插到尽头，否则抽出重来，并可能要再次修剪线头。当见到全数 8 根铜线的亮截面以后，就可以用 RJ-45 压线工具压接即成，压接时，也要有意识地向钳内顶线，压接完后，还要再看一下 8 根铜线的亮截面是否能见到，见不到可能就是不成功。

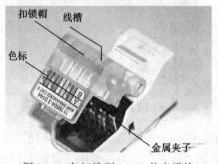

图 3.16 免打线型 RJ-45 信息模块

3.2 水平子系统

水平布线子系统（见图 3.17）是指从工作区子系统的信息点出发，连接管理子系统的通信中间交叉配线设备的线缆部分。由于智能大厦对通信系统的要求，需要把通信系统设计成易于维护、更换和移动的配置结构，以适用通信系统及设备在未来发展的需要。水平布线子系统分布于智能大厦的各个角落，绝大部分通信电缆包括在这个子系统中。相对于垂直干线子系统而言，水平布线子系统一般安装得十分隐蔽。在智能大厦交工后，该子系统很难接近，因此更换和维护水平线缆的费用很高、技术要求也很高。如果经常地对水平线缆进行维护和更换的话，就会影响到大厦内用户的正常工作，严重者就要中断用户的通信系统。由此可见，水平布线子系统的管路敷设、线缆选择将成为综合布线系统中重要的组成部分。因此电气工程师应初步掌握综合布线系统的基本知识，从施工图中领悟设计者的意图，并从实用角度出发为用户着想，减少或消除日后用户对水平布线子系统的更改，这是十分重要的。

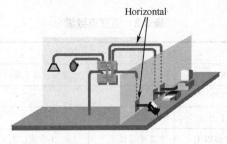

图 3.17　水平子系统

3.2.1　水平子系统设计规范

应根据工程提出的近期和远期终端设备的设置要求、用户性质、网络构成及实际需要确定建筑物各层需要安装信息插座模块的数量及其位置，且配线应留有扩展余地。

1. 水平子系统结构

星形结构是水平布线子系统最常见的拓扑结构，每个信息点都必须通过一根独立的线缆与管理子系统的配线架连接，每个楼层都有一个通信配线间为此楼层的各个工作区服务。为了使每种设备都连接到星形结构的布线系统上去，在信息点上可以使用外接适配器，这样有助于提高水平布线子系统的灵活性。如图 3.18 所示为水平子系统结构图。

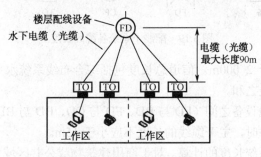

图 3.18　水平子系统结构

2. 设计要点

水平子系统应根据楼层用户类别及工程提出的近、远期终端设备要求确定每层的信息点（TO）数，在确定信息点数及位置时，应考虑终端设备将来可能产生的移动、修改、重新安排，以便于对一次性建设和分期建设方案的选定。

当工作区为开放式大密度办公环境时，宜采用区域式布线方法，即从楼层配线设备（FD）上将多对数电缆布至办公区域，根据实际情况采用合适的布线方法，也可通过集合点（CP）将线引至信息点（TO）。

配线电缆宜采用 8 芯非屏蔽双绞线，语音口和数据口宜采用五类、超五类或六类双绞线，以增强系统的灵活性，对高速率应用场合，宜采用多模或单模光纤，每个信息点的光纤宜为 4 芯。

信息点应为标准的 RJ-45 型插座，并与线缆类别相对应，多模光纤插座宜采用 SC 接插形式，单模光纤插座宜采用 FC 插接形式。信息插座应在内部做固定连接，不得空线、空脚。要求屏蔽的场合，插座需有屏蔽措施。

每个工作区的信息点数量可根据用户性质、网络构成和需求来确定。表 3.2 对此进行了一些分类，供设计时参考。

表 3.2 信息点数量

建筑物功能区	信息点数量（每一工作区）			备 注
	电话	数据	光纤（双工端口）	
办公区（一般）	1 个	1 个		
办公区（重要）	1 个	2 个	1 个	对数据信息有较大需求
出租或大客户区域	2 个或以上	2 个或以上	1 个或以上	指整个区域的配置量
办公区（e2 工程）	2~5 个	2~5 个	1 个或以上	涉及内、外网络

3. 水平子系统长度

按照 GB50311—2007 国家标准的规定，水平子系统属于配线子系统，对于缆线的长度做了统一规定，配线子系统各缆线长度（见图 3.19）的划分应符合下列要求。

配线子系统信道的最大长度不应大于 100m。其中水平缆线长度不大于 90m，一端工作区设备连接跳线不大于 5m，另一端设备间（电信间）的跳线不大于 5m，如果两端的跳线之和大于 10m 时，水平缆线长度（90m）应适当减少，保证配线子系统信道最大长度不应大于 100m。

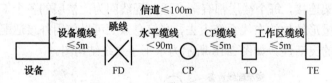

图 3.19 配线子系统各缆线长度

信道总长度不应大于 2 000m。信道总长度包括综合布线系统水平缆线和建筑物主干缆线及建筑群主干 3 部分缆线之和。

建筑物或建筑群配线设备之间（FD 与 BD、FD 与 CD、BD 与 BD、BD 与 CD 之间）组成的信道出现 4 个连接器件时，主干缆线的长度不应小于 15m。

开放型办公室布线系统长度的计算。对于商用建筑物或公共区域大开间的办公楼、综合楼等的场地，由于其使用对象数量的不确定性和流动性等因素，宜按开放办公室综合布线系统要求进行设计,并应符合下列规定:采用多用户信息插座时,每一个多用户插座包括适当的备用量在内,宜能支持12个工作区所需的8位模块通用插座;各段缆线长度可按表3.3选用。

表3.3 各段缆线长度

电缆总长度(m)	水平布线电缆H(m)	工作区电缆W(m)	电信间跳线和设备电缆D(m)
100	90	5	5
99	85	9	5
98	80	13	5
97	75	17	5
97	70	22	5

CP集合点的设置。

如果在水平布线系统施工中,需要增加CP集合点,同一个水平电缆上只允许一个CP集合点,而且CP集合点与FD配线架之间水平线缆的长度应大于15m。

CP集合点的端接模块或者配线设备应安装在墙体或柱子等建筑物固定的位置,不允许随意放置在线槽或者线管内,更不允许暴露在外边。

CP集合点只允许在实际布线施工中应用,规范了缆线端接做法,适合解决布线施工中个别线缆穿线困难时中间接续,实际施工中尽量避免出现CP集合点。在前期项目设计中不允许出现CP集合点。

3.2.2 布线材料

水平布线所需要的布线材料包括线缆(光缆或双绞线)和信息插座,以及桥架、管材等辅料。

1. 线缆

水平子系统缆线应采用超五类或六类双绞线。电磁干扰较为严重的位置可采用超五类或六类屏蔽双绞线。个别对安全性、稳定性和传输速率要求较高的位置(如网络服务器或图形工作站的连接)也可采用室内多模光缆。

2. 信息插座

每一个工作区信息插座模块数量不宜少于2个,并满足各种业务的需求。因此在通常情况下,宜采用双口面板(见图3.20)。底盒数量应以插座盒面板设置的开口数确定,每一个底盒支持安装的信息点数量不宜大于2个。

图3.20 双口面板

工作区的信息插座模块应支持不同的终端设备接入,每一个8位模块通用插座应连接一根

4对双绞电缆，每一个双工或两个单工光纤连接器件及适配器连接一根2芯光缆。

光纤信息插座模块安装的底盒大小应充分考虑到水平光缆（2芯或4芯）终接处的光缆盘留空间，以及满足光缆对弯曲半径的要求。

信息模块的需求量一般为 $m=n*(1+3\%)$

其中，m表示信息模块的总需求量；n表示信息点的总量；3%表示富余量。

3. 配线架

配线架应当根据水平布线的线缆类别选择。如果水平布线使用双绞线作为传输介质，那么应当采用双绞线配线架，并且与电缆采用统一标准，如统一采用CAT5e或CAT6标准；如果水平布线使用光缆作为传输介质，那么应当采用光缆终端盒作为配线设备。此外，配线架所提供的端口数量应当与信息模块的数量相匹配。由于水平布线往往拥有大量的信息点，因此通常选择24口或48口配线架。如图3.21所示为48口超五类配线架。

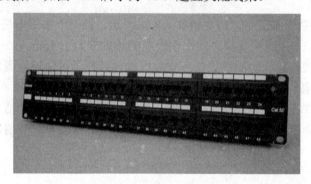

图3.21 48口超五类配线架

3.2.3 布线方案

设计者要根据建筑物的结构特点，从路由最短、造价最低、施工方便、布线规范等几个方面考虑。由于建筑物中的管线较多，往往会遇到一些矛盾，所以设计水平子系统时必须折中考虑，优选最佳的水平布线方案。一般可采用3种类型的布线方案。

1. 直接埋管方式

直接埋管布线方式由一系列密封在混凝土里的金属布线管道组成，如图3.22所示。

图3.22 直接埋管布线方式

这些金属管道从配线间向信息插座的位置辐射。根据通信和电源布线要求、地板厚度和占用的地板空间等条件,直接埋管布线方式可能要采用厚壁镀锌管或薄型电线管。为了经济合理地利用金属管,允许在同一金属管内穿几条综合布线水平电缆。这种方式在以前的设计中非常普遍。

现代楼宇不仅有较多的电话语音点,还有较多的计算机数据点,并要求语音点与数据点互换,以增加综合布线系统的使用灵活性。因此综合布线的水平线缆比较粗,如三类 4 对非屏蔽双绞线外径 4.7mm,截面积 17.3mm^2,五类 4 对非屏蔽双绞线外径 5.6mm,截面积 24.62mm^2,各厂家的线缆也基本相同。屏蔽双绞线则更粗。在设计中,三、五类混用,统一取截面积为 20 mm^2。对于目前使用较多的 SC 镀锌钢管及阻燃高强度 PVC 管,占空比为 30%~50%。

由于现代楼宇房间内的信息点较多,一般 10m^2 布 1 个语音点和 1 个数据点。按一个房间 60m^2 计算,一个房间有 6 个语音点和 6 个数据点,共 12 个信息点。要用一根 SC40 管来穿 12 根电缆,由弱电间出来的 SC40 管就较多,常规做法是将这些管子埋在走廊的垫层中形成排管。

由于排管数量比较多,钢管的费用相应增加,相对于吊顶内走线槽方式的价格优势不大,而局限性较大,直接埋管方式在现代建筑中慢慢已被其他方式取代。不过在地下层,信息点比较少,也没吊顶,一般还继续使用直接埋管布线方式。

此外,直接埋管布线方式的改良方式也有应用。即由弱电井到各房间的排管不打在地面垫层中,而是吊在走廊的吊顶中,到各房间的适当位置后,再用分线盒分出较细的支管沿房间吊顶顺墙而下到信息出口中。由于排管走吊顶,可以过一段距离加过线盒以便穿线,所以远端房间离弱电井的距离不受限制;吊顶内排管的管径也可选择较大的,如 SC50。但这种改良方式明显不如先走吊顶内线槽后走支管的方式灵活,应用范围不大,一般用在塔楼的塔身层面积不大而且没有必要架设线槽的场合。

2. 先走桥架再走支管方式

线槽由金属或阻燃高强度 PVC 材料制成,有单件扣合方式和双件扣合方式两种类型,如图 3.23 所示为金属桥架。并配有转弯线槽、T 字形线槽等。常用的线槽规格如表 3.4 所示。

表 3.4 常用的金属线槽规格

单位:mm

宽×厚	镀锌钢板壁厚
50×25	1.0
75×50	1.0
100×75	1.2
150×100	1.4
300×100	1.6

线槽通常安装在吊顶内或悬挂在天花板上方的区域,用在大型建筑物或布线系统比较复杂而且需要有额外支持物的场合,用横梁式线槽将线缆引向所要布线的区域。由弱电间出来的线缆先走吊顶内的线槽,到各房间后,经分支线槽从横梁式电缆管道分叉后将电缆穿过一段支管引向墙壁,顺墙而下到本层的信息出口;或顺墙而上引到上一层的信息出口中,最后端接在用户的信息插座上,如图 3.24 所示。

图 3.23 金属桥架

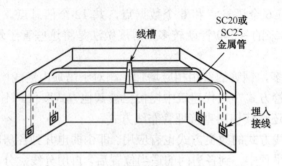

图 3.24 先走桥架再走支管方式

3. 地面线槽方式

地面线槽方式是把长方形的线槽打在地面垫层中,每隔 4～8m 设置一个过线盒或出线盒(在支路上出线盒也起分线盒的作用),直到信息出口的接线盒,如图 3.25 所示。70 型外形尺寸为 70mm×25mm(宽×厚),有效截面积为 1 470mm^2,占空比取 30%,可穿 24 根水平线(三、五类可以混用);50 型外形尺寸为 50mm×25mm,有效截面积为 960mm^2,可穿 15 根水平线。分线盒与过线盒有两槽和三槽两种,均为正方形,每面可接两根或三根地面线槽。因为正方形有 4 个面,分线盒与过线盒均有将 2～3 个分路汇成一个主路的功能或起到 90°转弯的功能。四槽以上的分线盒都可用两槽或三槽分线盒拼接。

图 3.25 地面线槽

3.2.4 水平子系统的安装技术

1. 桥架吊装安装方式

在楼道有吊顶时,水平子系统桥架一般吊装在楼板下,如图 3.26 所示。具体步骤如下:

(1) 确定桥架安装高度和位置。
(2) 安装膨胀螺栓、吊杆、桥架挂板,调整好高度。
(3) 安装桥架,并且用固定螺栓把桥架与挂板固定。
(4) 安装电缆和盖板。

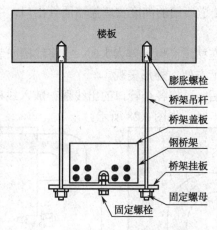

图 3.26　吊装桥架

2. 桥架壁安装方式

在楼道没有吊顶的情况下,桥架一般采用壁安装方式,如图 3.27 所示。具体安装步骤如下:
(1) 确定桥架安装高度和位置,并且标记安装高度。
(2) 安装膨胀螺栓、三角支架,调整好高度。
(3) 安装桥架,并且用固定螺栓把桥架与三角支架固定牢固。
(4) 安装电缆和盖板。

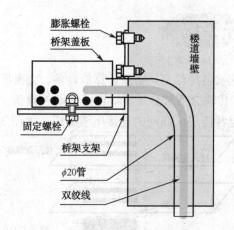

图 3.27　壁装桥架

3. 楼道线槽安装方式

在一般小型工程中,有时采取暗管明槽布线方式,在楼道使用较大的 PVC 线槽代替金属桥架,不仅成本低,而且比较美观。一般安装步骤如下:
(1) 根据线管出口高度,确定线槽安装高度,并且画线。
(2) 固定线槽。
(3) 布线。

(4) 安装盖板。

水平子系统也可以在楼道墙面安装比较大的塑料线槽,例如,宽度 60mm、100mm、150mm 白色 PVC 塑料线槽,具体线槽高度必须按照需要容纳双绞线的数量来确定。安装方法是首先根据各个房间信息点出线管口在楼道的高度,确定楼道大线槽安装高度并且画线;其次按照 2～3 处/m 将线槽固定在墙面,楼道线槽的高度宜遮盖墙面管出口,并且在线槽遮盖的管出口处开孔,如图 3.28 所示。

如果各个信息点管出口在楼道高度偏差太大时,宜将线槽安装在管出口的下边,将双绞线通过弯头引入线槽,这样施工方便,外形美观。

将楼道全部线槽固定好后,再将各个管口的出线逐一放入线槽,边放线边盖板,放线时注意拐弯处保持比较大的曲率半径,如图 3.28 所示。

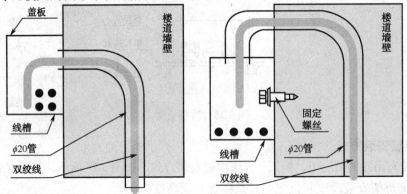

图 3.28　楼道线槽安装方式

3.3　垂直干线子系统

垂直干线子系统用于连接各配线室,实现计算机设备、交换机、控制中心与各管理子系统之间的连接,主要包括主干传输介质和介质终端连接的硬件设备。干线子系统由设备间的配线设备和跳线,以及设备间至各楼层配线间的连接电缆组成,如图 3.29 所示。

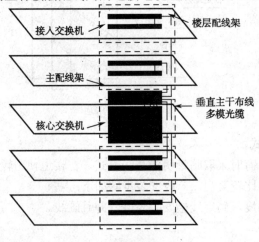

图 3.29　垂直干线子系统

3.3.1 设计要点

1. 垂直干线子系统设计原则

主干布线要采用星形拓扑结构，接地应符合 EIA/TIA607 规定的要求。如果设备间与计算机机房处于不同的地点，而且需要把语音电缆连至设备间，把数据电缆连至计算机机房，则应在设计中选取不同的干线电缆或干线电缆的不同部分来分别满足不同路由语音和数据的需要。当必要时，也可以采用光缆系统予以满足。

如图 3.30 所示为垂直干线星状结构。垂直干线子系统负责把各个管理间的干线连接到设备间。

图 3.30 垂直干线星状结构

在确定垂直子系统所需要的电缆总对数之前，必须确定电缆中语音和数据信号的共享原则。对于基本型，每个工作区可选定 2 对双绞线；对于增强型，每个工作区可选定 3 对双绞线；对于综合型，每个工作区可在基本型或增强型的基础上增设光缆系统。

布线走向应选择干线电缆最短，确保人员安全和最经济的路由。建筑物有两大类型的通道，封闭型和开放型，宜选择带门的封闭型通道敷设干线电缆。封闭型通道是指一连串上下对齐的交接间，每层楼都有一间，电缆竖井、电缆孔、管道、托架等穿过这些房间的地板层。每个交接间通常还有一些便于固定电缆的设施和消防装置。开放型通道是指从建筑物的地下室到楼顶的一个开放空间，中间没有任何楼板隔开。例如，通风通道或电梯通道，不能敷设干线子系统电缆。

干线电缆可采用点对点端接，也可采用分支递减端接及电缆直接连接方法。点对点端接是最简单、最直接的接合方法。干线子系统每根干线电缆直接延伸到指定的楼层和交接间。分支递减端接是用一根大容量干线电缆足以支持若干个交接间或若干楼层的通信容量，经过电缆接头保护箱分出若干根小电缆，它们分别延伸到每个交接间或每个楼层，并端接于目的地的连接硬件。而电缆直接连接方法是特殊情况使用的技术，一种情况是一个楼层的所有水平端接都集中在干线交接间；另一种情况是二级交接间太小，在干线交接间完成端接。如果设备间与计算机机房处于不同的地点，而且需要把语音电缆连至设备间，把数据电缆连至计算机机房，则宜在设计中选取干线电缆的不同部分来分别满足不同路由语音和数据的需要。

综合布线系统中的垂直干线子系统并非一定是垂直布置的。从概念上讲，它是楼群内的主干通信系统。在某些特定环境中，如在低矮而又宽阔的单层平面的大型厂房，干线子系统就是平面布置的。它同样起着连接各配线间的作用。而且在大型建筑物中，干线子系统可以由两级甚至更多级组成。主干线敷设在弱电井内，移动、增加或改变比较容易。很显然，一次性安装全部主干线是不经济也是不可能的。通常分阶段安装主干线。每个阶段为 3～5 年，以适应不断增长和变化的业务需求。当然，每个阶段的长短还随使用单位的稳定性和变化而定。在每个设计阶段开始前，需要系统规划一下管理区、设备间和不同类型的服务，应估计一下在该阶段最大规模的连接，以便确定该阶段所需要的最大规模的主干线总量。主干线是选用铜缆还是光缆，应根据建筑物的业务流量和有源设备的档次来确定。

另外，还需注意以下几点：

（1）网络线一定要与电源线分开敷设，可以与电话线及电视天线放在一个线管中。布线时拐角处不能将网线折成直角，以免影响正常使用。

（2）网络设备必须分级连接，主干线是多路复用的，不可能直接连接到用户端设备，所以不必安装如此多的缆线。如果主干距离不超过 100m，当网络设备主干高速端口选用 RJ-45 铜缆口时，采用单根 8 芯五类或六类双绞线作为网络主干线即可。

（3）五类的大对数电缆容易引入线对之间的近端串扰（NEXT）及它们之间的 NEXT 的迭加问题，这对高速数据传输十分不利。

（4）此外，五类 25 对线缆在 110 跳线架上的安装比较复杂，如果不细心很难达到五类的安装要求。这是很多布线系统设计者常犯的错误之一。在主干电缆中，电话系统、网络系统等都不要用同一保护层内的不同线芯。这样做的原因是，在同一保护层内的线芯上传输不同性质、不同速率的信号时容易造成干扰，如非平衡的 RS-232 和平衡的网络传输信号就可能有这样的问题；管理维护上容易造成误操作，如击穿通信设备或造成相关系统中断正常工作；法规上也不允许。

2. 干线子系统的长度

当建筑物或建筑群配线设备之间（FD 与 BD、FD 与 CD、BD 与 BD、BD 与 CD 之间）组成的信道出现 4 个连接器件时，主干缆线的长度不应小于 15m。

主交连和任意水平交连之间的缆线总长度不能超过下列限制。

- 单模光纤不能超过 3000m。
- 62.5/125μm 或 50/125μm 多模光纤不能超过 2000m。
- 作为语音应用的双绞线不能超过 800m。

对于水平交连与中间交连之间的线缆信道总长度，双绞线或光纤均不能超过 300m。

用于数据传输的铜缆，最大不能超过 100m。

当主干电缆少于 90m 时，允许有一个中间交连（Intermediate Cross-connect，IC）。如图 3.31 所示为主交连（Main Cross-connect，MC）、水平交连（Horizontal Cross-connect，HC）和中间交连之间的相互关系示意图。

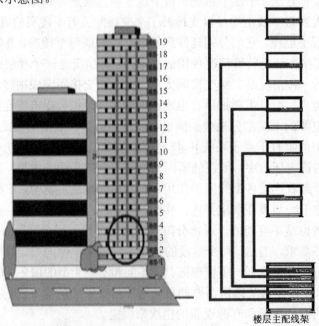

楼层主配线架

图 3.31 干线子系统中的交连关系示意图

3.3.2 布线材料

在通常情况下，主干线缆采用 8～12 芯 50/125μm 室内多模光纤，以确保接入层交换机与汇聚层交换机之间实现千兆连接，并保留未来升级至万兆网络连接的潜力。当然，主干线缆选用铜缆还是光缆，应根据建筑物的业务流量和有源设备的档次来确定。如果主干距离不超过 100m，并且网络设备主干连接采用 1000Base-T 端口接口，从节约成本的角度考虑，可以采用 CAT6 双绞线作为网络主干。如图 3.32 所示为 12 芯室内多模光缆。

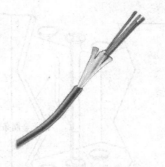

图 3.32 12 芯室内多模光缆

在通常情况下，干线子系统采用 8～12 芯多模光纤作为传输介质，并辅之以少量的六类双绞线作为冗余，以及部分大对数电缆作为语音通信介质。

配线设备则主要采用光缆终端盒，实现对主干光缆的终接。同时，根据需要选用少量双绞线配线架，实现对主干电缆的终接。

在干线子系统中常用以下几种线缆：

（1）五 E 以上 4 对双绞线电缆（UTP 或 STP）——一般用于传输数据和图像。
（2）三类 100Ω 大对数对绞电缆（UTP 或 STP）——一般用于电话语音传输。
（3）62.5/125μm 多模光纤。
（4）8.3/125μm 单模光纤。

3.3.3 布线方法

确定从管理间到设备间的干线路由，应选择干线段最短、最安全和最经济的路由，在大楼内通常有如下两种方法。

电缆孔方法：干线通道中所用的电缆孔是很短的管道，通常用直径为 10cm 的钢性金属管做成。它们嵌在混凝土地板中，这是在浇注混凝土地板时嵌入的，比地板表面高出 2.5～10cm。电缆往往捆在钢绳上，而钢绳又固定到墙上已铆好的金属条上。当配线间上下都对齐时，一般采用电缆孔方法，如图 3.33 所示。

电缆井方法：电缆井方法常用于干线通道。电缆井是指在每层楼板上开出一些方孔，使电缆可以穿过这些电缆井从某层楼伸到相邻的楼层。电缆井的大小依所用电缆的数量而定。与电缆孔方法一样，电缆也是捆在或箍在支撑用的钢绳上，钢绳靠墙上金属条或地板三脚架固定住。离电缆井很近的墙上立式金属架可以支撑很多电缆。电缆井的选择性非常灵活，可以让粗细不同的各种电缆以任何组合方式通过（见图 3.34）。电缆井方法虽然比电缆孔方法灵活，但在原有建筑物中开电缆井安装电缆造价较高，它的另一个缺点是使用的电缆井很难防火。如果在安装过程中没有采取措施去防止损坏楼板支撑件，则楼板的结构完整性将受到破坏。在多层楼房中，经常需要使用干线电缆的横向通道才能从设备间连接到干线通道，以及在各个楼层上从二级交接间连接到任何一个配线间。请记住，横向走线需要寻找一个易于安装的方便通道，因而两个端点之间很少是一条直线。

干线子系统一般在大楼的弱电井内（建筑上一般把方孔称为井，圆孔称为孔），位于大楼的中部，它将每层楼的通信间与本大楼的设备间连接起来，构成综合布线结构的最高层——星形结构。星位在各楼层配线间，中心位在设备间。

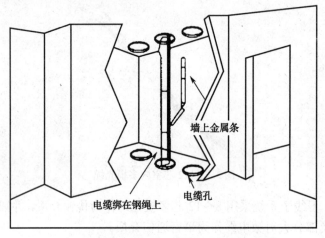

图 3.33　电缆孔方式

图 3.34　电缆井方式

3.3.4　垂直子系统的安装技术

在敷设线缆时，对不同的介质要区别对待。

1. 光缆

- 光缆敷设时不应该绞结。
- 光缆在室内布线时要走线槽。
- 光缆在地下管道中穿过时要用 PVC 管。
- 光缆需要拐弯时，其曲率半径不得小于 30cm。

- 光缆的室外裸露部分要加铁管保护，铁管要固定牢固。
- 光缆不要拉得太紧或太松，并要有一定的膨胀收缩余量。
- 光缆埋地时，要加铁管保护。

2. 双绞线
- 双绞线敷设时要平直，走线槽，不要扭曲。
- 双绞线的两端点要套标号。
- 双绞线的室外部分要加套管，严禁搭接在树干上。
- 双绞线不要硬拐弯。

在智能建筑的设计中，一般都有弱点竖井，用于垂直子系统的布线。在竖井中敷设缆线时一般有两种方式，向下垂放电缆和向上牵引电缆。相比较而言，向下垂放比较容易。

3. 向下垂放线缆
（1）把线缆卷轴放到顶层。
（2）在离房子的开口 3~4m 处安装线缆卷轴，并从卷轴顶部馈线。
（3）在线缆卷轴处安排布线施工人员，每层楼上要有一个工人，以便引寻下垂的线缆。
（4）旋转卷轴，将线缆从卷轴上拉出。
（5）将拉出的线缆引导进竖井中的空洞。在此之前，先在空洞中安放一个塑料的套状保护物，以防止空洞不光滑的边缘擦破线缆的外皮。
（6）慢慢地从卷轴上放线缆并进入孔洞向下垂放，注意速度不要过快。
（7）继续放线，直到下一层布线人员将线缆引到下一个孔洞。
（8）按前面的步骤继续慢慢地放线，直至线缆到达指定楼层进入横向通道为止。

4. 向上牵引线缆
向上牵引线缆需要使用电动牵引绞车。其主要步骤如下：
（1）按照线缆的质量，选定绞车型号，并按说明书进行操作。先往绞车中穿一条绳子。
（2）启动绞车，并往下垂放一条拉绳，直到安放线缆的底层。
（3）如果缆上有一个拉眼，则将绳子连接到此拉眼上。
（4）启动绞车，慢慢地将线缆通过各层的孔向上牵引。
（5）线缆的末端到达顶层时，停止绞车。
（6）在地板孔边沿上用夹具将线缆固定。
（7）当所有连接制作好之后，从绞车上释放线缆的末端。

3.4 管理间子系统

管理间子系统也称为电信间或者配线间，是专门安装楼层机柜、配线架、交换机和配线设备的楼层管理间，如图 3.35 所示。

管理间一般设置在每个楼层的中间位置，主要安装建筑物楼层配线设备。管理间子系统连接垂直子系统和水平干线子系统。当楼层信息点很多时，可以设置多个管理间。

在综合布线系统中，管理间子系统包括了楼层配线间、二级交接间的缆线、配线架及相关接插跳线等。通过综合布线系统的管理间子系统，可以直接管理整个应用系统终端设备，从而实现综合布线的灵活性、开放性和扩展性。

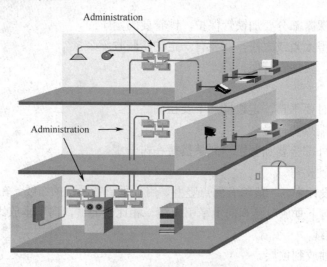

图 3.35　管理间子系统

3.4.1　设计要点

在一般情况下，综合布线系统的配线设备和计算机网络设备采用 19in 标准机柜安装，如图 3.36 所示。机柜尺寸通常为 600mm（宽）×900mm（深）×2 000mm（高），共有 42U 的安装空间。机柜内可安装光纤连接盘、RJ-45（24 口）配线模块、多线对卡接模块（100 对）、理线架、计算机、集线器或交换机设备等。如果按建筑物每层电话和数据信息点各为 200 个考虑配置上述设备，大约需要有 2 个 42U 高的 19in 的机柜空间，以此测算管理间面积至少为 $5m^2$（2.5m×2.0m）。对于涉及布线系统设置内、外网专用网时，19in 机柜应分别设置，并在保持一定间距的情况下预测电信间的面积。

管理间温、湿度按配线设备要求提供，如在机柜中安装计算机网络设备（集线器或交换机）时环境应满足设备提出的要求，温、湿度的保证措施由空调专业人员负责解决。

管理间的设计和安装要求均以总配线设备所需的环境要求为主，适当考虑安装少量计算机网络等设备制定的规定，如果与程控电话交换机、计算机网络等主机和配套设备合装在一起，则安装工艺要求应执行相关规范的规定。

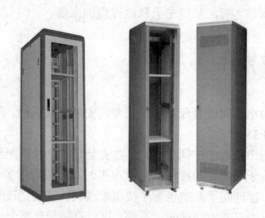

图 3.36　19in 标准机柜

3.4.2 设计步骤

1. 管理间的位置

管理间的位置直接决定水平子系统的缆线长度,也直接决定工程总造价。为了降低工程造价,降低施工难度,也可以在同一个楼层设立多个分管理间。

2. 管理间数量的确定

每个楼层一般宜至少设置 1 个管理间(电信间)。在每层信息点数量较少,且水平缆线长度不大于 90m 的情况下,宜几个楼层合设一个管理间。

如果该层信息点数量不大于 400 个,水平缆线长度在 90m 范围以内,宜设置一个管理间,当超出这个范围时宜两个或多个管理间。

3. 管理间的面积

GB 50311 中规定:管理间的使用面积不应小于 $5m^2$,楼层的管理间基本都设计在建筑物竖井内,面积在 $3m^2$ 左右。在一般小型网络工程中,管理间也可能只是一个网络机柜。

管理间安装落地式机柜时,机柜前面的净空不应小于 800mm,后面的净空不应小于 600mm,方便施工和维修。安装壁挂式机柜时,一般在楼道安装高度不小于 1.8m。如图 3.37 所示为管理子系统机柜布置图。

4. 管理间的电源

管理间应提供不少于两个 220V 带保护接地的单相电源插座。

管理间如果安装电信管理或其他信息网络管理时,管理供电应符合相应的设计要求。

5. 管理间门

管理间应采用外开丙级防火门,门宽大于 0.7m。

6. 管理间环境

管理间内温度应为 10~35℃,相对湿度宜为 20%~80%。一般应该考虑网络交换机等设备发热对管理间温度的影响,在夏季必须保持管理间温度不超过 35℃。

 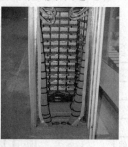

图 3.37 管理子系统机柜布置

3.4.3 管理间子系统的安装技术

1. 机柜安装

在安装机柜之前首先对可用空间进行规划,为了便于散热和设备维护,建议机柜前后与墙面或其他设备的距离不应小于 0.8m,机房的净高不能小于 2.5m。安装过程如图 3.38 左图所示。

(1)将机柜安放到规划好的位置,确定机柜的前后面,并使机柜的地脚对准相应的地脚定位标记。

（2）在机柜顶部平面两个相互垂直的方向放置水平尺，检查机柜的水平度。用扳手旋动地脚上的螺杆调整机柜的高度，使机柜达到水平状态，然后锁紧机柜地脚上的锁紧螺母（见图3.38右图），使锁紧螺母紧贴在机柜的底平面。

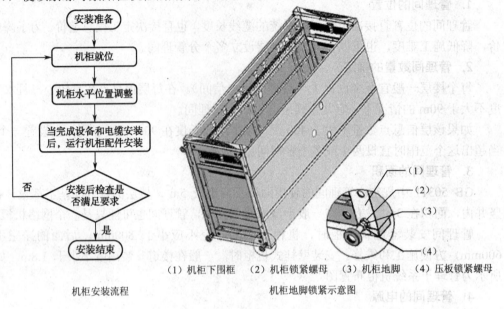

(1) 机柜下围框　(2) 机柜锁紧螺母　(3) 机柜地脚　(4) 压板锁紧螺母

机柜安装流程　　　　　　　　　机柜地脚锁紧示意图

图 3.38　机柜安装

（3）机柜配件安装包括机柜门、机柜铭牌和机柜门接地线的安装，流程如图 3.39 左图所示。机柜前后门相同，都是由左门和右门组成的双开门结构，如图 3.39 右图所示。

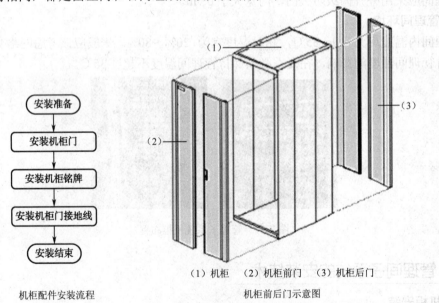

(1) 机柜　(2) 机柜前门　(3) 机柜后门

机柜配件安装流程　　　　　　　　机柜前后门示意图

图 3.39　机柜配件安装

机柜门可以作为机柜内设备的电磁屏蔽层，保护设备免受电磁干扰。另一方面，机柜门可以避免设备暴露外界，防止设备受到破坏。

机柜前后门的安装示意图如图 3.40 所示,其安装步骤如下:

(1) 将门的底部轴销与机柜下围框的轴销孔对准,将门的底部装上。

(2) 用手拉下门的顶部轴销,将轴销的通孔与机柜上门楣的轴销孔对齐。

(3) 松开手,在弹簧作用下轴销往上复位,使门的上部轴销插入机柜上门楣的对应孔位,将门安装在机柜上。

(4) 按照上面步骤,完成其他机柜门的安装。

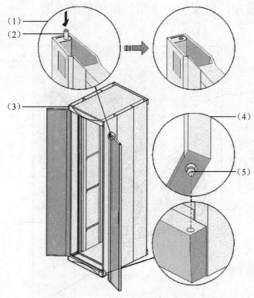

(1) 安装门的顶部轴销放大示意图　(2) 顶部轴销　(3) 机柜上门楣　(4) 安装门的底部轴销放大示意图　(5) 底部轴销

图 3.40　机柜前后门安装示意图

机柜前后门安装完成后,需要在其下端轴销的位置附近安装门接地线,使机柜前后门可靠接地。门接地线连接门接地点和机柜下围框上的接地螺钉,如图 3.41 所示。

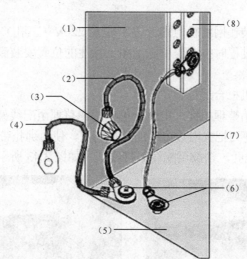

(1) 机柜侧门　(2) 机柜侧门接地线　(3) 侧门接地点　(4) 门接地线　(5) 机柜下围框　(6) 机柜下围框接地点
(7) 下围框接地线　(8) 机柜接地条

图 3.41　机柜门接地线安装前示意图

安装机柜门接地线操作步骤如下：

（1）安装门接地线前，先确认机柜前后门已经完成安装。

（2）旋开机柜某一扇门下部接地螺柱上的螺母。

（3）将相邻的门接地线（一端与机柜下围框连接，一端悬空）的自由端套在该门的接地螺柱上。

（4）装上螺母，然后拧紧，如图 3.42 所示，完成一条门接地线的安装。

（5）按照上面步骤的顺序，完成另外 3 扇门接地线的安装。

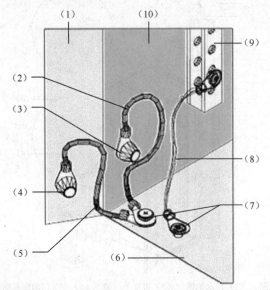

（1）机柜前/后门　（2）侧门接地线　（3）侧门接地点　（4）前/后门接地点　（5）门接地线　（6）机柜下围框
（7）下围框接地点　（8）下围框接地线　（9）机柜接地条　（10）机柜侧门

图 3.42　机柜门接地线安装后示意图

2. 电源安装

管理间的电源一般安装在网络机柜的旁边，安装 220V（三孔）电源插座。如果是新建建筑，一般要求在土建施工过程时按照弱电施工图上标注的位置安装到位。

3. 语音配线架的安装

（1）将配线架固定到机柜合适位置。

（2）从机柜进线处开始整理电缆，电缆沿机柜两侧整理至配线架处，并留出大约 25cm 的大对数电缆，用电工刀或剪刀把大对数电缆的外皮剥去，使用绑扎带固定好电缆，将电缆穿过 110 语音配线架一侧的进线孔，摆放至配线架打线处，如图 3.43 所示。

图 3.43　整理电缆

(3) 25 对线缆进行线序排列,首先进行主色分配,再按配色分配,标准物分配原则如下。

通信电缆色谱排列:

线缆主色为白、红、黑、黄、紫。

线缆配色为蓝、橙、绿、棕、灰。

一组线缆为 25 对,以色带来分组,一共有 25 组,分别为:

① (白蓝、白橙、白绿、白棕、白灰)。

② (红蓝、红橙、红绿、红棕、红灰)。

③ (黑蓝、黑橙、黑绿、黑棕、黑灰)。

④ (黄蓝、黄橙、黄绿、黄棕、黄灰)。

⑤ (紫蓝、紫橙、紫绿、紫棕、紫灰)。

1 到 25 对线为第 1 小组,用白蓝相间的色带缠绕。

26 到 50 对线为第 2 小组,用白橙相间的色带缠绕。

51 到 75 对线为第 3 小组,用白绿相间的色带缠绕。

76 到 100 对线为第 4 小组,用白棕相间的色带缠绕。

此 100 对线为 1 大组用白蓝相间的色带把 4 小组缠绕在一起。200 对,300 对,400 对……2 400 对,以此类推,如图 3.44 所示。

图 3.44　电缆分组

(4) 根据电缆色谱排列顺序,将对应颜色的线对逐一压入槽内,然后使用 110 打线工具固定线对连接,同时将伸出槽位外多余的导线截断。注意:刀要与配线架垂直,刀口向外。完成后的效果如图 3.45 所示。

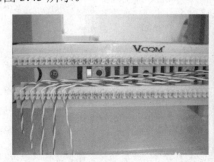 

图 3.45　对接电缆

(5) 准备 5 对打线工具和 110 连接块,将连接块放入 5 对打线工具中,把连接块垂直压入槽内，并贴上编号标签，注意连接端子的组合：在 25 对的 110 配线架基座上安装时，应选择 5 个 4 对连接块和 1 个 5 对连接块，或 7 个 3 对连接块和 1 个 4 对连接块。从左到右完成白区、红区、黑区、黄区和紫区的安装。这与 25 对大对数电缆的安装色序一致。完成后的效果图如图 3.46 所示。

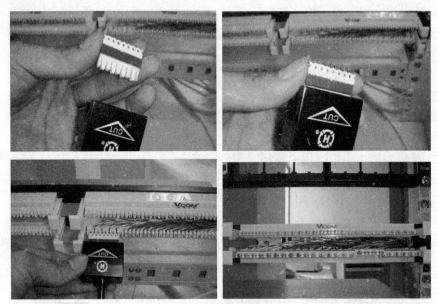

图 3.46 连接块

4. 网络配线架的安装

在机柜内部安装配线架前，首先要进行设备位置规划或按照图纸规定确定位置，统一考虑机柜内部的跳线架、配线架、理线环、交换机等设备。同时考虑配线架与交换机之间跳线方便。

缆线采用地面出线方式时，一般缆线从机柜底部穿入机柜内部，配线架宜安装在机柜下部。采取桥架出线方式时，一般缆线从机柜顶部穿入机柜内部，配线架宜安装在机柜上部。缆线采取从机柜侧面穿入机柜内部时，配线架宜安装在机柜中部。

配线架应该安装在左右对应的孔中，水平误差不大于 2mm，更不允许左右孔错位安装。

网络配线架的安装步骤如下。

（1）检查配线架和配件完整。
（2）将配线架安装在机柜设计位置的立柱上。
（3）理线。
（4）端接打线。
（5）做好标记，安装标签条。

安装配线架时应注意以下事项：

- 位置　机柜中间偏下方。
- 方向　插水晶头面向外。
- 注意　水平、固定。

向配线架打线时应注意以下事项：

- 注意线序统一（按色块指示等）。
- 打线时注意打线工具与配线架垂直，各线间无交叉。

- 注意各双绞线的位置。
- 整理线。

5. 交换机的安装

交换机的安装步骤如下：

（1）从包装箱内取出交换机设备。

（2）给交换机安装两个支架，安装时要注意支架方向。

（3）将交换机放到机柜中提前设计好的位置，用螺钉固定到机柜立柱上，一般交换机上下要留一些空间用于空气流通和设备散热。

（4）将交换机外壳接地，将电源线拿出来插在交换机后面的电源接口。

（5）完成上面几步操作后就可以打开交换机电源了，开启状态下查看交换机是否出现抖动现象，如果出现，请检查脚垫高低或机柜上的固定螺丝松紧情况。

注意：拧取这些螺钉的时候不要过于紧，否则会让交换机倾斜，也不能过于松垮，这样交换机在运行时会不稳定，工作状态下设备会抖动。

6. 理线环的安装

理线环的安装步骤如下：

（1）取出理线环和所带的配件——螺丝包。

（2）将理线环安装在网络机柜的立柱上。

注意：在机柜内设备之间的安装距离至少留 1U 的空间，便于设备的散热。

3.5 设备间子系统

设备间（通常称为"电信间"，多数情况下"配线间"、"机房"属同一位置）是在每幢大楼的适当地点（一般位于中间高度的中间平面位置，以便连接更多的对称距离楼层）设置进线设备，进行网络管理及管理人员值班的场所。设备间的主要设备有数字程控交换机、计算机网络设备、服务器、楼宇自控设备主机等。如图 3.47 所示为楼层配线间和中心配线间。

图 3.47 设备间子系统

3.5.1 设计要点

设备间子系统的电话、数据、计算机主机设备及其保安配线设备宜集中设在一个房间内，机架设备可以通过机柜统一安装在一起。在设备间的布线中要注意设备间内的所有进线终端设备宜采用色标区别各类用途的配线区，如图 3.48 所示。

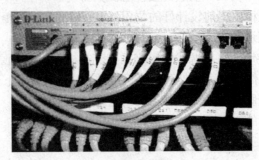

图 3.48 不同颜色的电缆和工作区标注

在较大型的综合布线中，可以将计算机设备、数字程控交换机、楼宇自控设备主机设置于机房，把与综合布线密切相关的硬件设备放置在设备间，计算机网络设备的机房放在离设备间不远的位置。注意和其他条件的配合，比如地板荷载、房间照度、温湿度等环境条件。按规模的重要性选择双电源末端互投供电，再设置 UPS；或者单电源加 UPS 供电。但程控电话交换机及计算机主机房离设备间的距离不宜太远。在这一子系统中，主要布线就是各种规格的跳线，可以是双绞线、光纤，还可以是电话线或同轴电缆等，根据实际端口连接需求而定。

设备间子系统空间用于安装电信设备、连接硬件、接头套管等，为接地和连接设施、保护装置提供控制环境，是系统进行管理、控制、维护的场所，可以说是整个网络系统的核心所在，非常重要。设备间位置及大小应根据设备的数量、重量、规模、地板承受能力、最佳网络中心等内容综合考虑确定；设备间子系统所在的空间还有对门窗、天花板、电源、照明、接地的要求。另外，因为设备间安装了大量的设备，会散发大量的热量，所以对设备间的温度和通风散热要求比较高，通常是安装有空调，要求通风良好。这一点相当重要，一方面是对设备保养的需求；另一方面，设备间一般还会有维护管理人员在其中工作，通风不良的设备间会有很大的浊气，对工作人员的身心将造成非常不良的影响，甚至会引起疾病。对于这一点，笔者是深有感触的。

另外，在湿度、防鼠咬、虫蚀和安全性等方面也有严格的要求。湿度要控制在一个适宜（50%左右）的范围之内，否则可能会引起设备和布线系统屏蔽性能下降、漏电，甚至导致设备打电、烧坏。防鼠咬、虫蚀等方面也非常重要，因为如果有它们的存在，则整个布线系统可能毁于一旦，经常出现布线系统故障，而且这类故障通常很难查找。在设备间也不允许有安全性方面的问题，主要是要制定进出机房的管理制度，还要有安全可靠的门禁措施，包括牢固的大门和门锁等。

3.5.2 设计步骤

1. 设备间数量确定

每幢建筑物内应至少设置 1 个设备间，如果电话交换机与计算机网络设备分别安装在不同的场地或根据安全需要，也可设置两个或两个以上设备间，以满足不同设备安装需要。

2. 设备间位置

一般而言，设备间应尽量建在建筑平面及其综合布线干线综合体的中间位置。在高层建筑内，设备间也可以设置在一、二层。

确定设备间的位置时需要参考以下设计规范。

（1）应尽量建在综合布线干线子系统的中间位置，并尽可能靠近建筑物电缆引入区和网络接口，以方便干线线缆的进出。

（2）应尽量避免设在建筑物的高层或地下室及用水设备的下层。

（3）应尽量远离强震动源和强噪声源。

（4）应尽量避开强电磁场的干扰。

（5）应尽量远离有害气体源及易腐蚀、易燃、易爆物。

（6）应便于接地装置的安装。

3. 设备间面积

设备间的使用面积要考虑所有设备的安装面积，还要考虑预留工作人员管理操作设备的地方，一般使用面积不得小于 $20m^2$。

设备间的使用面积可按照下述两种方法之一确定。

方法一：已知 Sb 为设备所占面积 m^2，S 为设备间的使用总面积 m^2。

$$S=(5\sim 7)\Sigma Sb$$

方法二：当设备尚未选型时，则设备间使用总面积 S 为

$$S=KA$$

其中，A 为设备间的所有设备台（架）的总数；K 为系数，取值（4.5～5.5）m^2/台（架）。

4. 设备间建筑结构

设备间的建筑结构主要依据设备大小、设备搬运及设备重量等因素而设计。设备间的高度一般为 2.5～3.2m。设备间门的大小至少为高 2.1m，宽 1.5m。

设备间一般安装有不间断电源的电池组，由于电池组非常重，因此对楼板承重设计有一定的要求，一般分为两级，A 级≥$500kg/m^2$，B 级≥$300kg/m^2$。

5. 设备间环境要求

（1）温湿度。

综合布线有关设备的温湿度要求可分为 A、B、C 三级，设备间的温湿度也可参照三个级别进行设计，三个级别具体要求如表 3.5 所示。

表 3.5 设备间温湿度要求

项　　目	A 级	B 级	C 级
温度（℃）	夏季：22±4，冬季：18±4	12～30	8～35
相对湿度（%）	40～65	35～70	20～80

（2）尘埃。

设备间内的电子设备对尘埃要求较高，尘埃过高会影响设备的正常工作，降低设备的工作寿命。设备间的尘埃指标一般可分为 A、B 两级，如表 3.6 所示。

表 3.6 设备间尘埃指标要求

项 目	A 级	B 级
粒度/μm	最大 0.5	最大 0.5
个数/粒/dm³	<10 000	<18 000

降低设备间尘埃度关键在于定期的清扫灰尘，工作人员进入设备间应更换干净的鞋具。

（3）空气。

设备间内应保持空气洁净且有防尘措施，并防止有害气体侵入。允许的有害气体限值如表 3.7 所示。

表 3.7 允许的有害气体限值

有害气体/mg/m³	二氧化硫（SO_2）	硫化氢（H_2S）	二氧化氮（NO_2）	氨（NH_3）	氯（Cl_2）
平均限值	0.2	0.006	0.04	0.05	0.01
最大限值	1.5	0.03	0.15	0.15	0.3

（4）照明。

设备间内距地面 0.8m 处，照明度不应低于 200lx。设备间配备的事故应急照明，在距地面 0.8m 处，照明度不应低于 5lx。

（5）噪声。

为了保证工作人员的身体健康，设备间内的噪声应小于 70dB。如果长时间在 70～80dB 噪声的环境下工作，不但影响人的身心健康和工作效率，还可能造成人为的噪声事故。

（6）电磁场干扰。

根据综合布线系统的要求，设备间无线电干扰的频率应在 0.15～1 000MHz 范围内，噪声不大于 120dB，磁场干扰场强不大于 800A/m。

（7）电源要求。

电源频率为 50Hz，电压为 220V 和 380V，三相五线制或者单相三线制。

设备间供电电源允许变动范围如表 3.8 所示。

表 3.8 设备间供电电源允许变动的范围

项目	A 级	B 级	C 级
电压变动（%）	−5～+5	−10～+7	−15～+10
频率变动（%）	−0.2～+0.2	−0.5～+0.5	−1～+1
波形失真率（%）	<±5	<±7	<±10

6. 设备间的管理

为了管理好各种设备及线缆，设备间内的设备应分类分区安装，设备间内所有进出线装置或设备应采用不同色标，以区别各类用途的配线区，方便线路的维护和管理。

7. 安全分类

设备间的安全分为 A、B、C 三个类别，具体规定如表 3.9 所示。

表 3.9 设备间的安全要求

安 全 项 目	A 类	B 类	C 类
场地选择	有要求或增加要求	有要求或增加要求	无要求
防火	有要求或增加要求	有要求或增加要求	有要求或增加要求
内部装修	要求	有要求或增加要求	无要求
供配电系统	要求	有要求或增加要求	有要求或增加要求
空调系统	要求	有要求或增加要求	有要求或增加要求
火灾报警及消防设施	要求	有要求或增加要求	有要求或增加要求
防水	要求	有要求或增加要求	无要求
防静电	要求	有要求或增加要求	无要求
防雷击	要求	有要求或增加要求	无要求
防鼠害	要求	有要求或增加要求	无要求
电磁波防护	有要求或增加要求	有要求或增加要求	无要求

8. 防火结构

为了保证设备使用安全,设备间应安装相应的消防系统,配备防火防盗门。对于规模较大的建筑物,在设备间或机房应设置直通室外的安全出口。

9. 散热

机柜、机架与缆线的走线槽道摆放位置,对于设备间的气流组织设计至关重要。图 3.49 表示出了各种设备的建议安装位置。

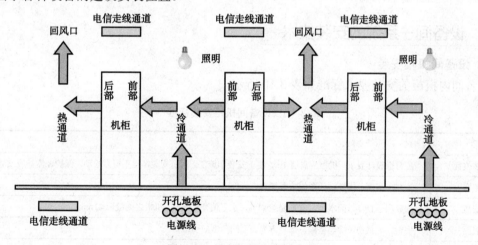

图 3.49 设备间设备摆放位置

以交替模式排列设备行,即机柜/机架面对面排列以形成热通道和冷通道。冷通道是机架/机柜的前面区域,热通道位于机架/机柜的后部。形成从前到后的冷却路由。对于高散热、高精度设备集装架,可采用弧形高密度孔门。图 3.49 集装架中安装的是发热量极大的 IBM 卡片式服务器和 2U 高密度服务器。

10. 设备间接地

(1) 直流工作接地电阻一般要求不大于 4Ω,交流工作接地电阻也不应大于 4Ω,防雷保护接地电阻不应大于 10Ω。

（2）建筑物内应设有网状接地系统，保证所有设备等电位。如果综合布线系统单独设接地系统，且能保证与其他接地系统之间有足够的距离，则接地电阻值应小于等于4。

（3）为了获得良好的接地，推荐采用联合接地方式。当采用联合接地系统时，通常利用建筑钢筋作防雷接地引下线，联合接地电阻要求不大于1Ω。

（4）接地所使用的铜线电缆规格与接地的距离有直接关系，一般接地距离在 30m 以内，接地导线采用直径为 4mm 的带绝缘套的多股铜线缆。

11. 设备间内部装饰

设备间装修材料使用符合 TJ16—87《建筑设计防火规范》中规定的难燃材料或阻燃材料，应能防潮、吸音、不起尘、抗静电等。

（1）地面。

为了方便敷设缆线和电源线，设备间的地面最好采用抗静电活动地板，具体要求应符合国家标准 GB6650《计算机机房用地板技术条件》。

（2）墙面。

墙面应选择不易产生灰尘，也不易吸附灰尘的材料，常用涂阻燃漆或耐火胶合板。

（3）顶棚。

为了吸音及布置照明灯具，吊顶材料应满足防火要求。目前，我国大多数采用铝合金或轻钢作龙骨，安装吸音铝合金板、阻燃铝塑板、喷塑石英板等。

（4）隔断。

隔断可以选用防火的铝合金或轻钢作龙骨，安装 10mm 厚玻璃。或从地板面至 1.2m 处安装难燃双塑板，1.2m 以上安装 10mm 厚玻璃。

3.5.3 设备间子系统的安装技术

1. 设备间机柜安装

设备间内机柜的安装要求标准如表 3.10 所示。

表 3.10 设备间机柜安装标准

项 目	标 准
安装位置	应符合设计要求，机柜应离墙 1m，便于安装和施工。所有安装螺丝不得有松动，保护橡皮垫应安装牢固
底座	安装应牢固，应按设计图的防震要求进行施工
安放	安放应竖直，柜面水平，垂直偏差≤1%，水平偏差≤3mm，机柜之间缝隙≤1mm
表面	完整，无损伤，螺丝坚固，每平方米表面凹凸度应<1mm
接线	接线应符合设计要求，接线端子各种标志应齐全，保持良好
配线设备	接地体，保护接地，导线截面，颜色应符合设计要求
接地	应设接地端子，并良好连接接入楼宇接地端排
线缆预留	（1）对于固定安装的机柜，在机柜内不应有预留线长，预留线应预留在可以隐蔽的地方，长度在 1~1.5m； （2）对于可移动的机柜，连入机柜的全部线缆在连入机柜的入口处，应至少预留 1m，同时各种线缆的预留长度相互之间的差别不超过 0.5m
布线	机柜内走线应全部固定，并要求横平竖直

2. 设备间线缆敷设

（1）活动地板方式。

该方式是缆线在活动地板下的空间敷设，由于地板下空间大，缆线敷设和拆除均简单方便，但造价较高，会减少房屋的净高，对地板表面材料也有一定要求。

（2）地板或墙壁沟槽方式。

该方式是缆线在建筑中预先建成的墙壁或地板内沟槽中敷设，但沟槽设计和施工必须与建筑设计和施工同时进行，在使用中会受到限制，缆线路由不能自由选择和变动。

（3）预埋管路方式。

该方式是在建筑的墙壁或楼板内预埋管路，其管径和根数根据缆线需要来设计。穿放缆线比较容易，维护、检修和扩建均有利，造价低廉，技术要求不高，是最常用的方式。

（4）机架走线架方式。

这种方式是在设备或者机架上安装桥架或槽道的敷设方式，桥架和槽道的尺寸根据缆线需要设计，可以在建成后安装，便于施工和维护，也有利于扩建。机架上安装桥架或槽道时，应结合设备的结构和布置来考虑，在层高较低的建筑中不宜使用。

3. 中央机房、设备间的高架防静电地板的安装

（1）清洁地面。用水冲洗或拖湿地面，必须等到地面完全干了以后才可施工。

（2）画地板网格线和线缆管槽路径标识线，这是确保地板横平竖直的必要步骤。先将每个支架的位置正确标注在地面坐标上，之后应当马上将地板下面集中的大量线槽线缆的出口、安放方向、距离等一同标注在地面上，并准确地画出定位螺丝的孔位，而不能急于安放支架。

（3）敷设线槽线缆。先敷设防静电地板下面的线槽，这些线槽都是金属可锁闭和开启的，因而这一工序是将线槽位置全面固定，并同时安装接地引线，然后布放线缆。

（4）支架及线槽系统的接地保护。这一工序对于网络系统的安全至关重要。特别注意连接在地板支架上的接地铜带，作为防静电地板的接地保护。注意一定要等到所有支架安放完成后再统一校准支架高度。

3.6 建筑群子系统

建筑群子系统将一个建筑物中的线缆延伸到建筑物群的另一些建筑物中的通信设备和装置上，它由电缆、光缆和入楼处线缆上过流过压的电气保护设备等相关硬件组成，从而形成了建筑群综合布线系统其连接各建筑物之间的缆线，组成建筑群子系统（见图3.50）。

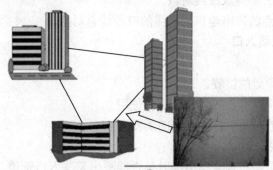

图 3.50 建筑群子系统

3.6.1 建筑群子系统设计规范

（1）建筑群数据网主干线缆一般应选用多模或单模室外光缆。

（2）建筑群数据网主干线缆需使用光缆与电信公用网连接时，应采用单模光缆，芯数应根据综合通信业务的需要确定。

（3）建筑群主干线缆宜采用地下管道方式进行敷设，设计时应预留备用管孔，以便为扩充使用。

（4）当采用直埋方式时，电缆通常在离地面 60～90cm 深的地方或按当地法规铺设。如果在同一个沟内埋入了其他的图像、监控电缆，应设立明显的共用标志。

3.6.2 建筑群子系统设计步骤

当设计建筑群电缆布线方案时，推荐的设计步骤如下：

（1）确定敷设现场的特点。
（2）确定电缆系统的一般参数。
（3）确定建筑物的电缆入口。
（4）确定明显障碍物的位置。
（5）确定主电缆路由和另选电缆路由。
（6）选择所需电缆类型和规格。
（7）确定每种选择方案的劳务成本。
（8）确定每种选择方案的材料成本。
（9）选择最经济、最实用的设计方案。

1. 确定敷设现场的特点

- 确定整个工地的大小。
- 确定工地的地界。
- 确定共有多少座建筑物。

2. 确定电缆系统的一般参数

- 确定起点位置。
- 确定端接点位置。
- 确定涉及的建筑物和每座建筑物的层数。
- 确定每个端接点所需的双绞线对数。
- 确定有多个端接点的每座建筑物所需的双绞线总对数。

3. 确定建筑物的电缆入口

对于现有建筑物：

（1）了解各个入口管道的位置。
（2）确定每座建筑物有多少入口管道可供使用。
（3）确定入口管道数目是否符合系统的需要。

如果入口管道不够用，则：

（1）确定在移走或重新布置某些电缆时是否能腾出某些入口管道。
（2）确定在实在不够用的情况下应另装多少入口管道。

如果建筑物尚未建起来：

（1）根据选定的电缆路由去完成电缆系统设计，并标出入口管道的位置。

（2）选定入口管道的规格、长度和材料。

（3）要求在建筑物施工过程中安装好入口管道。

建筑物入口管道的位置应便于连接公用设备。应根据需要在墙上穿过一根或多根管道。应查阅当地的建筑法规对承重墙穿孔有无特殊要求。所有易燃材料如聚丙烯管道、聚乙烯管道衬套等应端接在建筑物的外面。外线电缆的聚丙烯护皮可以例外，只要它在建筑物内部的长度（包括多余电缆的卷曲部分）不超过 15m。反之，如果外线电缆延伸建筑物内部的长度超过 15m，就应使用合适的电缆入口器材，在入口管道中填入防水和气密很好的密封胶，如 B 型管道密封胶。

4. 确定明显障碍物的位置

（1）确定土壤类型：沙质土、黏土、砾土等。

（2）确定电缆的布线方法。

（3）确定地下公用设施的位置。

（4）查清在拟定的电缆路由中沿线的各个障碍物位置或地理条件：

- 铺路区
- 桥梁
- 铁路
- 树林
- 池塘
- 河流
- 山丘
- 砾石地
- 截留井
- 人孔
- 其他

（5）确定对管道的需求。

5. 确定主电缆路由和另选电缆路由

（1）对于每一种待定的路由，确定可能的电缆结构。

- 所有建筑物共用一根电缆。
- 对所有建筑物进行分组，每组单独分配一根电缆。
- 每个建筑物单用一根电缆。

（2）查清在电缆路由中哪些地方需要获准后才能通过。

（3）比较每个路由的优缺点，从而选定最佳路由方案。

6. 选择所需电缆类型和线规

（1）确定电缆长度。

（2）画出最终的结构图。

（3）画出所选定路由的位置和挖沟详图，包括公用道路图或任何需要经审批才能动用的地区草图。

（4）确定入口管道的规格。

（5）选择每种设计方案所需的专用电缆。

- 参考《ORTRONICS Open System ARCHITECTURE 元件手册》有关电缆部分、线号、双绞线对数和长度应符合有关要求。
- 参考"管道设计"这一章，应保证电缆可放进入口管道里。

（6）如果需用管道，应选择其规格和材料；如果需用钢管，应选择其规格、长度和类型。

7. 确定每种选择方案所需的劳务成本

（1）确定布线时间。

- 包括迁移或改变道路、草坪、树木等所花的时间。如果使用管道区，应包括敷设管道和穿电缆的时间。

（2）确定电缆接合时间。

（3）确定其他时间，例如，拿掉旧电缆、避开障碍物所需的时间。

（4）计算总时间（1项+2项+3项）。

（5）计算每种设计方案的成本：总时间乘以当地的工时费。

8. 确定每种选择方案所需的材料成本

（1）确定电缆成本：

- 确定每 m 的成本。
- 参考《ORTRONICS Open System ARCHITECTURE 元件手册》。
- 针对每根电缆，查清 30m 的成本。
- 将上述成本除以 100。
- 将每米的成本乘以米数。

（2）确定所有支持结构的成本：

- 查清并列出所有的支持成本。
- 根据价格表查明每项用品的单价。
- 将单价乘以所需的数量。
- 确定所有支撑硬件的成本。
- 对于所有的支撑硬件的成本，重复（2）项所列的三个步骤。

9. 选择最经济、最实用的设计方案

（1）把每种选择方案的劳务成本和材料成本加在一起，得到每种方案的总成本。

（2）比较各种方案的总成本，选择成本较低者。

（3）确定这个比较经济的方案是否有重大缺点，以致抵消了经济性优点。如果发生这种情况，应取消此方案，考虑经济性次好设计方案。

注：如果牵涉到干线电缆，应把有关的成本和设计规范也列进来。

3.6.3 布线方案

在建筑群子系统中，线缆布线方式有4种，即架空、直埋、管道和隧道。

1. 管道

管道内布线是由管道和人孔组成的地下系统，它们用来对网络内的各个建筑物进行互连。地下线是大楼引进设备的一部分，地下线应考虑的问题包括以下几个：

- 拓扑的限制规定。
- 地下线分层要注意下水管道。

- 要有通气孔。
- 要考虑地下线地表的交通量和是否铺设水泥路面。

地下线由电缆管道、通气管道和电缆输送架组成,还要考虑人为检修管道。
- 所有的电缆管道和通气管道的直径达 100mm。
- 不要有弯曲管道。如果必须要有,弯度不要超过 90°。

配合以上标准,我们建议在施工中使用管道内布线法。

图 3.51 表示一根或多根管道通过基础墙进入建筑物内部,由于管道是由耐腐蚀材料做成的,所以这种方法对电缆提供了最好的机械保护,使电缆受损和维修停用的机会减少到最少程度,它能保护建筑物的原貌。

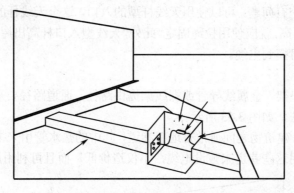

图 3.51　管道方式

一般来说,埋没的管道起码要低于地面 45.72cm;或者应符合本地有关法规规定的深度,在电源人孔和通信人孔合用的情况下(人孔里有电力电缆),通信电缆切不要在人孔里进行端接,通信管道与电力管道必须至少用 7.62cm 的混凝土或 30.48cm 的压实土层隔开,安装时至少应埋设一个备用管道放进一根拉线,供以后扩充之用。

2. 直埋

直埋线是大楼引进设备的一部分。用直埋法要考虑以下因素:
- 直埋线是完全埋藏在土里面的通信电缆。
- 埋没通信电缆要挖沟钻土或打眼(铺管)。
- 不需要犁地。

当选择路径时,一定要考虑地面风景、围墙、树木、铺路区域及其他可能的服务设备。对此我们建议在施工中采用直埋布线法,如图 3.52 所示。

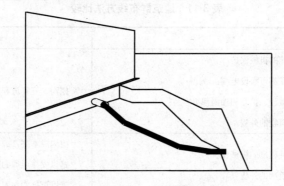

图 3.52　直埋方式

图 3.52 表示出直埋布线电缆,除了穿过基础墙的那部分电缆以外,电缆的其余部分没有给予保护,基础墙的电缆孔应往外尽量延伸。达到没有动土的地方,以免以后有人在墙边挖土时损坏电缆,直埋布线法可保持建筑物的外貌,但是,在以后还要挖土的地方,还是以不使用这种方法为上策。直埋电缆通常应埋在距地面 60.96cm 以下的地方,或者应按照当地的有关法规去做。如果在同一土沟里埋入了通信电缆和电力电缆,应设立明显的共用标志。

3. 架空

架空安装方法通常只用于有现成电线杆,而且电缆的走法不是主要考虑内容的场合,从电线杆至建筑物的架空进线距离以不超过 30m 为宜。建筑物的电缆入口可以是穿墙的电缆孔或管道。入口管道的最小口径为 5cm。建议另设一根同样口径的备用管道。

如果架空线的净空有问题,可以使用天线杆型的入口。这个天线杆的支架一般不应比屋顶高 120cm 以上。如果再高,就应使用拉绳固定。此外,天线型入口杆高出屋顶的净空应有 240cm,这个高度正好使工人可摸到电缆。

4. 通道

通道为导线、府垫架、金属线导管或裸线架提供路径,通道路径要靠近其他通信设备,在此建议采用巷道布线法,如图 3.53 所示。

在建筑群环境中,建筑物之间通常有地下巷道,其中的热水管用来把集中供暖站的热气传送到各个建筑物,利用这些巷道来敷设电缆,不仅造价低,而且可利用原有的安全设施。

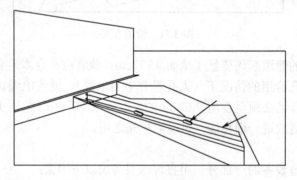

图 3.53 通道方式

为了防止热气或热水泄漏而损坏电缆,电缆的安装位置应与水管保持足够的距离。此外,电缆还应安置在巷道内尽可能高的地方,以免因被水淹没而损坏。当地的法规对此有很明确的具体要求。如表 3.11 所示列出了建筑群不同布线方法优缺点。

表 3.11 建筑群布线方法比较

方 法	优 点	缺 点
管道内	提供最佳的机械保护; 任何时候都可敷设电缆; 电缆的敷设、扩充和加固都很容易; 保持建筑物的外貌	挖沟、开管道和人孔的成本很高
直埋	提供某种程度的机械保护; 保持建筑物的外貌	挖沟成本高; 难以安排电缆的敷设位置; 难以更换和加固

续表

方　法	优　点	缺　点
架空	如果本来就有电线杆，则成本最低	没有提供任何机械保护； 灵活性差； 安全性差； 影响建筑物的美观
巷道	如果本来就有巷道，则成本最低； 安全	热量或漏泄的热水可能会损坏电缆； 可能被水淹没

3.6.4　建筑群布线的安全防护

1. 电缆线的保护

当电缆从一建筑物到另一建筑物时，要考虑易受到雷击、电源碰地、电源感应电压或地电压上升等因素，必须用保护器去保护这些线对。如果电气保护设备位于建筑物内部（不是对电信公用设施实行专门控制的建筑物），那么所有保护设备及其安装装置都必须有 UL 安全标记。当发生下列任何情况时，线路就被暴露在危险的境地：

- 雷击所引起的干扰。
- 工作电压超过 300V 以上而引起的电源故障。
- 电压上升到 300V 以上而引起的电源故障。
- 60Hz 感应电压值超过 300V。

如果出现上述所列的情况时就都应对其进行保护。

2. 建筑群子系统的防雷保护

若采用光缆作为建筑物间网络连接介质，不需要安装避雷器，甚至可以架空铺设。若采用双绞线，则必须穿管埋地敷设。进入建筑后，采用双绞线敷设时，导线必须单独敷设在弱电金属桥架或金属管道内。金属桥架和金属管道与综合接地系统良好连接，充当导线的屏蔽层，不能与强电导线共用强电金属桥架或强电金属管道。

3.6.5　建筑群子系统的安装技术

1. 光纤的熔接

（1）开剥光缆，并将光缆固定到接续盒内。在固定多束管层式光缆时由于要分层盘纤，各束管应依序放置，以免缠绞。将光缆穿入接续盒，固定钢丝时一定要压紧，不能有松动。否则，有可能造成光缆打滚纤芯。注意不要伤到管束，开剥长度取 1m 左右，用卫生纸将油膏擦拭干净。

（2）将光纤穿过热缩管。将不同管束、不同颜色的光纤分开，穿过热缩套管。剥去涂抹层的光缆很脆弱，使用热缩套管，可以保护光纤接头。

（3）打开熔接机电源，选择合适的熔接方式。光纤熔接机的供电电源有直流和交流两种，要根据供电电流的种类来合理开关。每次使用熔接机前，应使熔接机在熔接环境中放置至少 15 分钟。根据光纤类型设置熔接参数、预放电时间、主放电时间等。如没有特殊情况，一般选用自动熔接程序。在使用中和使用后要及时去除熔接机中的粉尘和光纤碎末。

（4）制作光纤端面。光纤端面制作的好坏将直接影响接续质量，所以在熔接前一定要做好合格的端面。

（5）裸纤的清洁。将棉花撕成面平整的小块，蘸少许酒精，夹住已经剥覆的光纤，顺光纤轴向擦拭，用力要适度，每次要使用棉花的不同部位和层面，这样可以提高棉花利用率。

（6）裸纤的切割，首先清洁切刀和调整切刀位置，切刀的摆放要平稳，切割时，动作要自然，平稳，勿重，勿轻。避免断纤、斜角、毛刺及裂痕等不良端面产生。

（7）放置光纤。将光纤放在光纤熔接机的 V 形槽中，小心压上光纤压板和光纤夹具，要根据光纤切割长度设置光纤在压板中的位置，关上防风罩，按熔接键就可以自动完成熔接，在光纤熔接机显示屏上会显示估算的损耗值。

（8）移出光纤，用熔接机加热炉加热。检查是否有气泡或者水珠，要是有则要重做。

（9）盘纤并固定。科学的盘纤方法可以使光纤布局合理、附加损耗小，经得住时间和恶劣环境的考验，可以避免因积压造成的断纤现象。在盘纤时，盘纤的半径越大，弧度越大，整个线路的损耗就越小。所以，一定要保持一定半径，使激光在纤芯中传输时，避免产生一些不必要的损耗。

（10）密封接续盒。野外接续盒一定要密封好。如果接续盒进水，会使光纤以及光纤熔接点长期浸泡在水中，可能会导致光纤衰减增大。

2. 光缆敷设

（1）架空光缆敷设。

① 架空光缆在平地敷设光缆时，使用挂钩吊挂、山地或陡坡敷设光缆，使用绑扎方式敷设光缆。光缆接头应选择易于维护的直线杆位置，预留光缆用预留支架固定在电杆上。

② 架空杆路的光缆每隔 3.5 档杆要求作 U 形伸缩弯，大约每 1km 预留 15m。

③ 引上架空（墙壁）光缆用镀锌钢管保护，管口用防火泥堵塞。

④ 架空光缆每隔 4 档杆左右及跨路、跨河、跨桥等特殊地段应悬挂光缆警示标志牌。

⑤ 空吊线与电力线交叉处应增加三叉保护管保护，每端伸长不得小于 1m。

⑥ 近公路边的电杆拉线应套包发光棒，长度为 2m。

⑦ 为防止吊线感应电流伤人，每处电杆拉线要求与吊线电气连接，各拉线位应安装拉线式地线，要求吊线直接用衬环接续，在终端直接接地。

（2）管道光缆敷设。

① 光缆敷设前管孔内穿放子孔，光缆选 1 孔同色子管始终穿放，空余所有子管管口应加塞子保护。

② 按人工敷设方式考虑，为了减少光缆接头损耗，管道光缆应采用整盘敷设。

③ 为了减少布放时的牵引力，整盘光缆应由中间分别向两边布放，并在每个人孔安排人员作中间辅助牵引。

④ 光缆穿放的孔位应符合设计图纸要求，敷设管道光缆之前必须清刷管孔。子孔在人手孔中的余长应露出管孔 15cm 左右。

⑤ 手孔内子管与塑料纺织网管接口用 PVC 胶带缠扎，以避免泥沙渗入。

⑥ 光缆在人（手）孔内安装，如果手孔内有托板，光缆在托板上固定，如果没有托板则将光缆固定在膨胀螺栓上，膨胀螺栓要求钩口向下。

⑦ 光缆出管孔 15cm 以内不应作弯曲处理。

⑧ 每个手孔内及机房光缆和 ODF 架上均采用塑料标志牌以示区别。

(3) 墙壁光缆敷设。

① 除地下光缆引上部分外,严禁在墙壁上敷设铠装或油麻光缆。

② 跨越街坊或院内通道等,其缆线距地面应不小于 4.5m。

③ 吊线程式采用 7/2.2、7/2.6,支撑间距为 8～10m,终端固定与第一只中间支撑间距应不大于 5m。

④ 吊线在墙壁上水平或垂直敷设时,其终端固定、吊线中间支撑应符合《本地网通信线路工程验收规范》。

⑤ 钉固螺丝必须在光缆的同一侧。光缆不宜以卡钩式沿墙敷设。

⑥ 应在光缆上加套子管予以保护。光缆沿室内楼层凸出墙面的吊线敷设时,卡钩距离为 1m。

(4) 局内光缆敷设。

局内光缆指局进线室至光端机房之间的光缆。局内光缆有普通光缆和无卤阻燃光缆两种。普通光缆由管道、架空或直埋式光缆直接进局,在进线室放 10m 左右后直接引至机房到光缆配线架上成端。这种方式的优点是利用原程式光缆进局直接引至光纤配线架上成端,施工比较方便。无卤阻燃光缆是外护套由无卤阻燃护套材料制成的光缆。在进线室,通过光缆接头盒将无卤阻燃光缆与外侧进局光缆连接,再引至配线架上成端。这种方法的优点是能达到无毒、低烟的阻燃效果,但增加了接头数和损耗测量难度。故它仅限于部分大中城市的枢纽楼机房。其步骤如下:

① 局内光缆在经由走线架、拐弯点(前、后)应予绑扎,垂直上升段应分段(段长不大于 1m)绑扎,上下走道或墙壁应每隔 50cm 用 2～3 圈绑扎,绑扎部位应垫胶管,避免受到侧压力。

② 局内光缆不改变程式时,采用 PVC 阻燃胶带包扎作防火处理,进线孔洞要求用防火泥堵塞。

③ ODF 架端子板上应清楚注明各端子的局向和序号。

④ 局内光缆预留盘圈绑扎固定在走线架或墙壁上,基站光缆可预留在基站外的终端杆上。

⑤ 局内光缆一般从局前手井经地下进线室引至光传输设备。局内光缆应按相关规定制作的标识牌以便识别。

⑥ 光缆在进线室内应选择安全的位置,当处于易受外界损伤的位置时,应采取保护措施。

⑦ 局内光缆应布放整齐美观,沿上线井布放的光缆应绑扎在上线加固横铁上。

⑧ 按规定预留在设备侧的光缆,可以留在传输设备机房或进线室。有特殊要求预留的光缆,应按设计要求留足。

⑨ 光缆引入局站后应堵塞进线管孔,不得渗水、漏水。

(5) 光缆成端。

光缆成端,就是光缆从终端盒出来的尾纤,就叫成端,如图 3.54 所示。

光缆线路到达局端、中继站,先通过光缆终端盒进行成端操作(就是在终端盒内将光缆与光纤熔接),再与光端机或中继器相连接,根据光缆终端盒的不同,其成端的方法也不相同,接续过程大致与光缆接续相同,其不同之处是光缆与尾纤相连接,而不是光缆与光缆的连接。在接续前应将尾纤逐一编号,与光缆线路和光端站一一对应,以免造成纤芯混乱。成端后的尾纤连接头应按要求插入光分配(ODF)架的连接插座内,暂不插入的连接头应按要求盖上保护帽,以免损伤和灰尘堵塞连接头,造成连接损耗增大或不通。

其步骤如下:
① 应根据规定或设计要求留足预留光缆。
② 在设备机房的光缆终端接头安装位置应稳定安全,远离热源。
③ 成端光缆和自光缆终端接头引出的单芯软光纤应按照 ODF 的说明书进行。
④ 走线并按设计要求进行保护和绑扎。
⑤ 单芯软光纤所带的连接器,应按设计要求顺序插入光纤配线架(分配盘)。
⑥ 未连接软光纤的光纤配线架(分配盘)的接口端部应盖上塑料防尘帽。
⑦ 软光纤在机架内的盘线应大于规定的曲率半径。
⑧ 光缆在光纤配线架(ODF)成端处,将金属构件用铜芯聚氯乙烯护套电缆引出,并将其连接到保护地线。

图 3.54　光缆成端

实训　综合布线工程方案设计

1. 实验目的

通过实训掌握综合布线总体方案和各子系统的设计方法。设计内容符合国家《建筑与建筑群综合布线系统工程设计规范 GBT-T-50311-2007》。

2. 实验内容

以一座大楼(学生宿舍、教学大楼、办公大楼等)为综合布线工程的设计目标,通过设计,掌握综合布线总体方案和各子系统的设计方法。

(1) 工作区子系统设计。
(2) 水平子系统设计。
(3) 垂直子系统设计。
(4) 管理间子系统设计。
(5) 设备间子系统设计。
(6) 建筑群子系统设计。

3. 实验步骤

(1) 现场勘测大楼,从用户处获取用户需求和建筑结构图等资料,掌握大楼建筑结构,熟悉用户需求,确定布线路由和信息点分布。
(2) 总体方案设计。
(3) 工作区子系统方案设计。

（4）水平子系统方案设计。
（5）垂直子系统方案设计。
（6）管理间子系统方案设计。
（7）设备间子系统方案设计。
（8）建筑群子系统方案设计。

练习题

一、选择题

1. 综合布线采用模块化的结构，按各模块的作用，可把综合布线划分为（　　）。
   A．3个部分　　　　B．4个部分　　　　C．5个部分　　　　D．6个部分
2. 从建筑群设备间到工作区，综合布线系统正确的顺序是（　　）。
   A．CD—FD—BD—TO—CP—TE　　　　B．CD—BD—FD—CP—TO—TE
   C．BD—CD—FD—TO—CP—TE　　　　D．BD—CD—FD—CP—TO—TE
3. 综合布线系统中直接与用户终端设备相连的子系统是（　　）。
   A．工作区子系统　　B．水平子系统　　C．干线子系统　　D．管理子系统
4. 下面关于综合布线组成叙述正确的是（　　）。
   A．建筑群必须有一个建筑群设备间　　　B．建筑物的每个楼层都需设置楼层电信间
   C．建筑物设备间需与进线间分开　　　　D．每台计算机终端都需独立设置为工作区
5. 综合布线系统中用于连接两幢建筑物的子系统是（　　）。
   A．管理子系统　　B．干线子系统　　C．设备间子系统　　D．建筑群子系统
6. 综合布线系统中安装有线路管理器件及各种公共设备，以实现对整个系统的集中管理区域属于（　　）。
   A．管理子系统　　B．干线子系统　　C．设备间子系统　　D．建筑群子系统
7. 水平干线子系统的主要功能是实现信息插座和管理子系统间的连接，其拓扑结构一般为（　　）结构。
   A．总线型　　　　B．星形　　　　C．树形　　　　D．环形
8. 下列哪项不属于水平子系统的设计内容。（　　）
   A．布线路由设计　　　　　　　　　　　B．管槽设计
   C．设备安装、调试　　　　　　　　　　D．线缆类型选择、布线材料计算

二、简答题

1. 综合布线系统由哪几个子系统组成？
2. 综合布线系统中如何核算水平布线中双绞线的数量？
3. 工作区子系统的设计要点有哪些？
4. 水平子系统中双绞线电缆的长度为什么要限制在90m以内？
5. 垂直干线子系统的设计要点有哪些？
6. 建筑群子系统的主要特点和建设原则是什么？

第4章 机房网络布线设计与实现

4.1 项目引入

现有一写字楼网络中心机房布线项目。建成后的机房要求提供可靠的、高品质的机房环境，一方面要保障计算机系统、网络设备安全、可靠、正常地运行，延长设备的使用寿命，提供一个符合国际、国家各项有关标准及规范的优秀的技术场地；另一方面要满足各种电子设备对温度、湿度、洁净度、电磁场强度、噪音干扰、安全保安、防漏、电源质量、震动、防雷和接地等的要求。

4.2 项目准备

4.2.1 网络机房综合布线标准

本机房工程必须严格参照以下标准设计和施工。

● 机房相关规范

GB50174.93	电子计算机机房设计规范
GB2887—2000	电子计算机机房场地通用规范
GB9361—88	计算站场地安全要求
GB6650—86	计算机机房用活动地板的技术要求
SJ/T30003	电子计算机机房施工及验收规范
BMZ2—2001	涉及国家秘密的计算机信息系统安全保密设计指南
BMZ1—2000	涉及国家秘密的计算机信息系统保密技术要求
BMB3—1999	处理涉密信息的电磁屏蔽室的技术要求和测试方法

- 装修部分

GB5004—95	建筑设计防火规范
GB1838—93	室内装饰工程质量规定
GB50222—95	建筑内部装修设计防火规范

- 电气部分

GBJ52—82	工业与民用供电系统设计规范
GBJ54—83	低压配电装置及线路设计规范
JGJ/T16—92	民用建筑电气设计规范
GB50054—95	低压配电设计规范
YD/T585—1999	通信用配电设备
YD5040—97	通信电源设备安装设计规范
YD/T 1051—2000	通信局（站）电源系统总技术要求
YD/T 1058—2000	通信用高频开关组合电源
YD/T 5098—2001	通信局（站）雷电过电压保护工程设计规范
YD/T 1095—2000	信息技术设备用不间断电源通用技术条件
GBJ232—83	电气装置安装工程及验收规范
GB50168—92	电气装置安装工程电缆线路施工及验收规范
GB50169—92	电气装置安装工程接地装置施工及验收规范
GB50172—92	电气装置安装工程蓄电池施工及验收规范
GB50259—96	电气装置安装工程电气照明装置施工及验收规范

- 空气调节部分

GB50243—97	通风与空调工程施工及验收规范
GBJ235	工业管道工程施工及验收规范
GB3091	低压流体输送用镀锌焊接钢管

- 防雷部分

GB50057—94	建筑物防雷设计规范
GB7450—87	电子设备雷击保护导则
GB50343—2004	建筑物电子信息系统防雷技术规范
IEC 1312	雷电电磁脉冲的防护
IEC 61643	SPD 电源防雷器
IEC 61644	SPD 通信网络防雷器
VDE0675	过电压保护器

- 消防安全

DBJ15—23—1999	七氟丙烷·(HFC-227e) 洁净气体灭火系统设计规范
GBJ116—98	火灾自动报警系统设计规范
GB50265—97	气体灭火系统施工及验收规范
GB50116—92	火灾自动报警系统施工及验收规范

- 其他

GB/T 50314.2000	智能建筑设计标准
GB50198—94	民用闭路监视电视系统设计规范

GB4943—95	信息技术设备包括电气设备的安全
GA 247—2000	中华人民共和国公共安全行业标准
GA 308—2001	安全防范系统验收规则
GA T—94	安全防范工程程序与要求
YD/T926.1—1997	大楼通信综合布线系统标准（邮电部行业标准）
YD/T2008—93	城市住宅区和办公楼电话通信设施设计标准
YD/T694—93	总配线架技术要求和试验方法
YDJ9—90	市内通信全塑电缆线路工程设计规范
YDJ44—89	电信网光纤数字传输系统工程施工及验收暂行技术规定
YDJ50—88	市内电话程控交换设备安装工程施工及验收暂行技术规定

4.2.2 网络综合布线工作过程

仅就综合布线项目的系统集成而言，主要划分为设计、施工、测试验收等3个主要阶段。"方案论证"前为设计阶段，中间为施工阶段，"指标测试"之后为测试验收阶段。

1. 勘察现场

现场勘察建筑的主要任务是与客户协商网络需求，根据用户提出的信息点位置和数量要求，参考建筑平面图、装修平面图等资料，结合网络设计方案对布线施工现场进行勘察，以初步预定信息点数目与位置，以及主干路由和机柜的初步定位。

2. 规划设计

工程设计将对布线全过程产生决定性的影响，因此需根据调研结果对费用预算、应用需求、施工进度等多方面进行综合考虑，并着手做出详细的设计方案。

在综合布线系统专业标准和法规的指导下，充分考虑网络设计方案对布线系统的要求，对布线系统总体进行可行性分析，如空间距离、带宽、信息点密度等指标分析，并对各个子系统进行详细设计。如果布线系统设计方案存在重大缺陷，一旦施工完成，将造成无法挽回的损失。因此，应当由用户、网络方案设计人员、布线工程人员共同参与方案的评审。如果发现可能存在问题，必须在方案修改后再进行评审，直到最终方案形成。

3. 制订方案

根据布线系统设计方案确定详细施工细节（如布线路由、钻墙孔等），综合考虑设计实施中的管理和操作，指定工程负责人和工程监理人员，规划备料、备工，以及内外协调、施工组织和管理等内容。施工方案中需要考虑用户方的配合程度，对于布线方案对路面和建筑物可能的破坏程度最好让用户知晓并得到对方管理部门批准。施工方案需要与用户方协商认可签字，并指定协调负责人予以配合。

4. 经费概算

主要根据建筑平面图等资料结算线材的用量、信息插座的数目及机柜定位和数量，计算布线材料、工具、人工费用和工期等。

5. 现场施工

综合布线系统实现阶段主要包括以下两项任务。

（1）土建施工：协调施工队与业主进行职责商谈，提出布线许可，主要是钻孔、走线、信息插座定位、机柜定位、制作布线标记系统等内容。

（2）技术安装：主要是机柜内部安装、打信息模块、打配线架。机柜内部要布置整齐合理、分块鲜明、标识清楚，便于今后维护。不同品牌的产品可能有不同的打线专用设备。

施工现场指挥人员要有较高素质，应充分理解布线设计方案，并掌握相应的技术规范，必要时才能做出正确的临场判断。当装潢与布线同时开展时，布线应争取主动，早进场调查，把能做的事先做，如挖沟、打钻、敷设管道，有计划地施工。一时无法解决的问题，设计人员必须尽快修改设计方案，早日拿出解决方法。

6. 测试验收

根据相应的布线系统标准规范对布线系统进行各项技术指标的现场认证测试。

信息点测试一般采用简单测试仪，单人可以进行，效率较高，主要测试通断情况或接线图。探层测试通常可用 FLUKEDSP—4000 或 DTX 线缆测试仪，根据 TSB—67 标准，对接线图（WireMap）、长度（Length）、衰减量（Attenuation）、近端串扰（NEXT）、传播延迟（Propagation Delay）等多方面数据进行测试，并可联机打印测试报告。

负载试验是指加载网络设备后进行部分网络连通性能抽测。最后是竣工验收审核及技术文档移交。

7. 文档管理

工程验收完后，必须提供给客户验收报告单，内容包括材料实际用量表、测试报告书、机柜配线图、楼层配线图、信息点分布图，以及光纤、语音和视频主干路由图等，为日后的维护提供数据依据。

8. 布线维护

当综合布线系统的通信线路和连接硬件出现故障时，应当快速做出响应，提供现场维护，排除故障点，并根据客户需要对现有布线系统进行扩充和修改。

4.3 任务 1——机房网络布线需求分析

机房就是建筑物的网络中心，有时也称为设备间子系统，智能建筑物一般都有独立的设备间。机房是建筑物中数据、语音垂直主干缆线终接的场所，也是建筑群的缆线进入建筑物的场所，还是各种数据和语音设备及保护设施的安装场所，更是网络系统进行管理、控制、维护的场所。机房一般设在建筑物中部或在建筑物的一、二层，避免设在顶层，而且要为以后的扩展留下余地，同时对面积、门窗、天花板、电源、照明、散热、接地等有一定的要求。

根据国家现行电子计算机机房建设的相关标准、规范，以及相关涉密机房建设的国家保密标准、规范和技术要求，结合机房的具体要求和实际需求，以技术先进，可靠性高，系统安全，保密性强，扩展容易，维护方便，经济实用，合理超前为目标，对网络中心机房工程进行具体可行的设计。弱电机房的建设首先是平面布局，而平面布局的设计应考虑两方面的因素。其一，机房布局需考虑计算机设备数量布置、功能间的分配、工艺需求等。其二，机房布局应符合有关国家标准和规范，并满足电气、通风、消防工程的要求。

4.4 任务2——机房网络布线的设计

机房环境的设计必须考虑到数据处理的重要性和发展性，在关键物理基础设施上必须参照较高的标准进行设计、施工。

主机房室内装饰应选用气密性好、不起尘、易清洁，并在温、湿度变化作用下变形小的材料。机房六面体做防尘保温处理。部分非阻燃材料必须涂刷防火涂料。所有隐蔽用材必须符合机房用材性能指标，做到不起尘、阻燃、绝缘，不产生静电，牢固耐用并无病虫害发生。

1. 机房位置选择

- 网络中心机房在多层建筑或高层建筑物内宜设于第二、三层。
- 网络中心机房位置选择应符合下列要求：水源充足，电源稳定可靠，交通通信方便，自然环境清洁；远离产生粉尘、油烟、有害气体，以及生产或储存具有腐蚀性、易燃、易爆物品的工厂、仓库、堆场等；远离强震源和强噪声源；避开强电磁场干扰。

当无法避开强电磁场干扰或为保障计算机系统信息安全，可采取有效的电磁屏蔽措施。

2. 机房的组成

依据计算机系统的规模、用途、任务、性质，以及计算机对供电、空调等要求的不同和管理体制的差异，可选用下列房间。

- 主要工作房间：计算机机房，如图4.1所示。

图4.1 计算机机房

- 基本工作房间：数据录入室、终端室、网络设备室、已记录的媒体存放间、上机准备间。
- 第一类辅助房间：备件间、未记录的媒体存放间、资料室、仪器室、硬件人员办公室、软件人员办公室。
- 第二类辅助房间：维修室、电源室、蓄电池室、发电机室、空调系统用房、灭火钢瓶间、监控室、值班室。
- 第三类辅助房间：储藏室、更衣换鞋室、缓冲间、机房人员休息室等。

3. 计算机场地的面积

计算机机房的使用面积一般按照下述两种方法之一确定。

第一种方法：

$$S=(5\sim 7)\sum Sb$$

式中　S——计算机机房的面积（m^2）；

　　　Sb——与计算机系统有关的并在机房平面布置图中占有位置的设备的面积（m^2）；

　　　$\sum Sb$——计算机机房内所有设备占地面积的总和（m^2）。

第二种方法：

$$S=KA$$

式中　S——计算机机房的面积（m^2）；

　　　A——计算机机房内所有设备台（架）的总数；

　　　K——系数，一般取值（4.5～5.5）m^2/台（架）。

计算机机房最小使用面积不得小于 $30m^2$。研制、生产用的调机机房的使用面积参照上述公式计算。其他各类房间的使用面积依据人员、设备及需要而定。

4. 设备布置

计算机设备宜采用分区布置，一般可分为主机区、存储器区、数据输入区、数据输出区、通信区和监控调度区等。具体划分可根据系统配置及管理而定。需要经常监视或操作的设备布置应便于操作。产生尘埃及废物的设备应远离对尘埃敏感的设备，宜集中布置在靠近机房的回风口处。

主机房内通道与设备间的距离应符合下列规定：

（1）两相对机柜正面之间的距离不应小于 1.5m，如图 4.2 所示。

（2）机柜侧面（或不用面）距离墙不应小于 0.5m。当需要维修测试时，则距离墙不应小于 1.2m，如图 4.3 所示。

（3）走道净宽不应小于 1.2m。

图 4.2　机柜间距　　　　　　　　　　图 4.3　机柜与墙距离

5. 机房内环境条件

机房应是安全性、可靠性要求最高、最重要的地方，是单位的数据和通信枢纽，是保证单位正常工作的关键重要部分之一。机房内放置的计算机设备、网络通信设备等，不仅因为高科技产品需要一个非常严格的操作环境，更重要的是它能否正常运作，对整个单位的业务是至关重要的。因此，机房的基本结构组合（见表 4.1）必须达到其重点目的：防尘、屏蔽、防静电、空调回风、防漏水设施、隔热、保温、防火等。

表 4.1 机房的基本结构组合

顶面	做顶部防尘保温处理； 饰面为 600×600mm 的微孔铝扣板	
墙面	所有墙面及柱面均采用砂纸打磨，然后粉刷乳胶漆两遍，以达防尘、易清洁等作用	
地面	机房区域地板采用高档防静电活动地板，主机房区域地板高度为 300mm	

地板采用无边框的全钢抗静电活动地板（见图 4.4），其外形美观、色彩淡雅、柔和、尺寸精确、工艺先进、稳定性强，并配有通风、走线等配套地板。具体参数如下：

承重：集中负荷≥500kg，绕度<2mm；均布荷载≥1 200kg/m^2。

系统电阻值：在温度为 15～30℃，相对湿度为 30%～75%时，活动地板系统电阻值为 $1.0×10^6～1.0×10^{10}$。

室内防火级别：A 级，活动地板的通风板数量需根据现场实际情况严格测算，保证精密空调的送风风速符合建设规范。根据机房设备的就位点留有合适的出线孔，出线孔的大小及形状由具体计算机设备来决定。

机房地面采用 30mm 橡塑板形成良好的保温层。

图 4.4 全钢抗静电活动地板

（1）墙面工程。

将原机房墙面采用砂纸打磨，然后粉刷乳胶漆两遍，两个机房之间采用石膏板轻钢龙骨进行封堵。

（2）吊顶工程（见图 4.5）。

金属天花板具有质轻、防火、防潮、吸音、洁净等性能，适合机房使用。结合机房对吊顶的要求，采用铝合金微孔方板吊顶，600mm 长，600mm 宽，板材壁厚 0.8mm，板面布有微孔，有极好的吸音及回风效果。这种顶板材质轻，强度高，不燃烧，无色差，平整度好，便于拆装，利于顶内维修。安装三管格栅灯带，满足机房照明使用要求和空调回风要求，且机房的延展性、装饰性较好。

（3）门窗工程。

机房门保留原有不变，窗户根据现场情况进行保留或封堵。

（4）场地防水。

在机房四周做好防水处理，防止室外水流入。并在空调周围修筑防水垄，一旦空调漏水将自动排入大楼污水管，同时安装漏水探测器，一旦探测到空调发生漏水将发出报警告知监控人员。

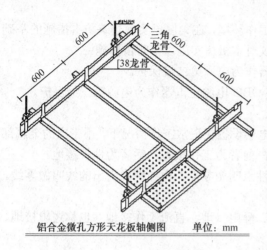

铝合金微孔方形天花板轴侧图　　单位：mm

图 4.5　吊顶

(5) 防火处理。

主材为非燃性或难燃性外,其他材料尽可能选用难燃性材料,所有木质隐蔽部分均刷防火漆作防火处理。疏散口设有醒目的紧急出口标记,便于人员疏散。

(6) 场地防鼠。

为了防止老鼠对线缆的破坏,所有机房与外界连接的管线槽口处均以专用防火泥封堵,各消防分区的围护上下均做适当的隔离封堵;机柜下开孔均加有 PVC 护套;各专业管线均分别放置在各自的金属桥架内或外套金属管。

(7) 电磁屏蔽。

将机房顶面龙骨、墙面龙骨、防静电活动地板金属支架、墙壁顶棚的金属层都接在静电地上,整个机房形成一个屏蔽罩,以保护人身和静电敏感器件的安全。

(8) 机房市电需求。

机房供配电系统应为 380V/200V、50Hz 低压配电系统采用 TN-S 系统,计算机供电质量达到 A 级。

机房的设备供电和空调照明供电分为两个独立回路,其中设备供电由 UPS 提供并按设备总用电量的 1.5 倍进行预留,而空调照明用电由市电提供并按空调设备的要求供配。

(9) UPS 需求。

机房用电负荷主要来自于交换机、路由器、服务器、工作站、故障照明、安防系统等设备,根据机房的负载情况和 50%~60%的合理负载率选取合适功率的 UPS 系统。

UPS 供电系统采用一台 20kVA UPS,负责内网机房的设备用电,后备时间为 1 个小时。

UPS 为在线式 UPS,选择企业用 UPS 电源,输入为三相 380V,电源输出为三相 380V,断电电池持续供电 1 小时,接地系统采用 TN-S 方式,零线和地线分开设置。

电池技术要求:蓄电池应安装在柜体内,蓄电池柜需装设相适应的直流断路器。

(10) 机房防雷接地。

机房内集中了大量的微电子设备,而这些设备内部结构高度集成化,从而造成设备抗过压、过流的水平下降,对雷电(包括感应雷及操作过电压)浪涌的承受能力下降。感应雷侵入机房及计算机网络系统的途径主要有 3 个方面:交流电源 380V、220V 电源线引入;信号传输通道引入;地电位反击及空间雷闪电磁脉冲(LEMP)等。为了确保机房设备及电脑网络系统稳定可靠运行，以及保证机房工作人员有一个安全的工作环境，在大厦已实施建筑防雷措施的基础上，根据招标方要求需做到B、C两级防雷，建议对本机房实施以下防雷措施：
- 机房总配电柜进线处加装OBO电源防雷器作为电源第二级保护。
- 市电输出柜、UPS输出柜电源进线端加装OBO电源避雷器作为电源第三级保护。

接地基本概念：

供电系统用变压器的中性点直接接地，以及电器设备在正常工作情况下，不带电的金属部分与接地体之间做良好的金属连接，都称为接地。前者为工作接地，后者为保护接地。

配电变压器低压侧的中性点直接接地，此中性点叫做零点，由中性点引出的线叫做零线。用电设备的金属外壳直接接到零线上，称接零。

接地可分为工作接地、保护接地、重复接地、静电接地、直流工作接地（也称逻辑接地、信号接地）、防雷接地等。

这几种接地彼此的意义、作用和要求是有区别的，因此设计的要求也不同，所以常常是分开独立设置接地电极。遇到雷击时就会出现安全事故，最常见的是防雷接地的接地体对其他接地体产生反击。

等电位连接的目的，在于减小需要防雷的空间内各金属部件和各系统之间的电位差。

穿过各防雷区交界的金属部件和系统，以及在一个防雷区内部的金属部件和系统，都应在防雷区交界处做等电位连接。应采用等电位连接线和螺栓坚固的线夹在等电位连接带处做等电位连接，而且当需要时，应采用电涌保护器（SPD）做等电位连接。

4.5 任务3——机房网络布线的施工

4.5.1 施工前的检查

1. 安装条件

安装工程之前，必须对机房的建筑和环境条件进行检查，具备下列条件方可开工：

（1）机房的土建工程已全部竣工，室内墙壁已充分干燥，机房门的高度和宽度应不妨碍设备的搬运，房门锁和钥匙齐全。

（2）机房地面应平整光洁，预留暗管、地槽和孔洞的数量、位置、尺寸均应符合工艺设计要求。

（3）电源已经接入机房，电源应满足施工需要。

（4）机房的通风管道应清扫干净，空气调节设备应安装完毕，性能良好。

（5）铺设活动地板的机房内，应对活动地板进行专门检查，地板板块铺设严密坚固，符合安装要求，每平方米水平误差应不大于2mm，地板应接地良好，接地电阻和防静电措施应符合要求。

2. 交接间环境要求

（1）根据设计规范和工程的要求，对建筑物的垂直通道的楼层及交接间应做好安排，并应检查其建筑和环境条件是否具备。

（2）留好交接间垂直通道电缆孔孔洞，并应检查水平通道管道或电缆桥架和环境条件是否具备。

(3）环境要求：温度为 10～30℃，湿度为 20%～80%；地下室的进线室应保持通风，排风量应按每小时不小于 5 次换气次数计算；给水管、排水管、雨水管等其他管线不宜穿越配线机房；应考虑设置手提式灭火器和设置火灾自动报警器。

(4）照明、供电和接地：照明采用水平面一般照明，照度可为 75～100lx，进线室采用具有防潮性能的安全灯，灯开关装于门外；工作区、交接间和设备间的电源插座应为 220V 单相带保护的电源插座；交接间设有接地体，接地体的电阻值如果为单独接地则不应大于 4R，如果采用联合接地则不应大于 1R。

3. 器材检验要求

（1）型材、管材与铁件的检验：各种钢材和铁件的材质、规格应符合设计文件的规定，表面所做防锈处理光洁良好，无脱落、气泡，不得有歪斜、扭曲、飞刺、断裂和破损等缺陷。各种管材的管身和管口无变形、内壁光滑、无节疤、无裂缝，接续配件齐全有效。材质、规格、型号及孔壁厚度应符合设计文件的规定和质量标准。

（2）电缆、光缆的检验：工程中所用的电缆、光缆的规格、程式和型号应符合设计的规定；成盘的电缆、光缆的型号和长度等应与出厂产品质量合格证一致；缆线的外护套应完整无损，芯线无断线和混线，有明显的色标。

（3）线缆的性能指标抽测：对于双绞线电缆从到达施工现场的批量电缆中任意抽出 3 盘，并从每盘中截出 90m，同时在电缆的两端连接上相应的接插件，形成永久链路进行电气特性测试。从测试的结果进行分析和判断该批电缆及接插件的整体性能指标。首先对光缆外包装进行检查，如发现有损伤或变形现象，也可按光纤链路的连接方式进行抽测。

（4）施工工具的准备：剥线刀、打线钳、测线仪等。

4.5.2 传输通道的施工

1. 金属管的敷设

（1）对金属管的要求。

金属管（见图 4.6）应符合设计文件的规定，表面不应有穿孔、裂缝和明显的凹凸不平，内壁应光滑，不允许有锈蚀，在易受机械损伤的地方和在受力较大处直埋时，应采用足够强度的管材。

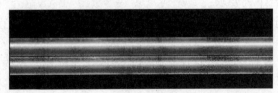

图 4.6 金属管

金属管的加工应符合下列要求：

① 为了防止在穿电缆时划伤电缆，管口应无毛刺和尖锐棱角。

② 为了减小直埋管在沉陷时管口处对电缆的剪切力，金属管口宜做成喇叭形。

③ 金属管在弯制后，不应有裂缝和明显的凹瘪现象。弯曲程度过大，将减小金属管的有效管径，造成穿设电缆困难。

④ 金属管的弯曲半径不应小于所穿入电缆的最小允许弯曲半径。

⑤ 镀锌管锌层剥落处应涂防腐漆，可增加使用寿命。

（2）金属管的切割套丝。

在配管时，应根据实际需要长度，对管子进行切割。管子的切割可使用钢锯、管子切割刀或电动机切管机，严禁用气割。管子和管子连接，管子和接线盒、配线箱的连接，都需要在管子端部进行套丝。焊接钢管套丝，可用管子绞板（俗称代丝）或电动套丝机。硬塑料管套丝，可用圆丝板。套丝时，先将管子在管子压力上固定压紧，然后再套丝。若利用电动套丝机，可提高工效。套完丝后，应随时清扫管口，将管口端面和内壁的毛刺用锉刀锉光，使管口保持光滑，以免割破线缆绝缘护套。

（3）金属管的弯曲。

在敷设金属管时应尽量减少弯头。每根金属管的弯头不应超过 3 个，直角弯头不应超过 2 个，并不应有 S 弯出现。弯头过多，将造成穿电缆困难。对于较大截面的电缆不允许有弯头。当实际施工中不能满足要求时，可采用内径较大的管子或在适当部位设置拉线盒，以利线缆的穿设。金属管的弯曲一般都用弯管器进行。先将管子需要弯曲部位的前段放在弯管器内，焊缝放在弯曲方向背面或侧面，以防管子弯扁，然后用脚踩住管子，手扳弯管器进行弯曲，并逐步移动弯管器，得到所需要的弯度，弯曲半径应符合下列要求：

① 明配时，一般不小于管外径的 6 倍；只有一个弯时，可不小于管外径的 4 倍；整排钢管在转弯处，宜弯成同心圆的弯儿。

② 暗配时，不应小于管外径的 6 倍；敷设于地下或混凝土楼板内时，不应小于管外径的 10 倍。

（4）金属管的连接。

金属管连接应牢固，密封应良好，两管口应对准。套接的短套管或带螺纹的管接头的长度不应小于金属管外径的 2.2 倍。金属管的连接采用短套接时，施工简单方便；采用管接头螺纹连接则较为美观，保证金属管连接后的强度。无论采用哪一种方式均应保证牢固、密封。金属管进入信息插座的接线盒后，暗埋管可用焊接固定，管口进入盒的露出长度应小于 5mm。明设管应用锁紧螺母或管帽固定，露出锁紧螺母的丝扣为 2~4 扣。引至配线间的金属管管口位置，应便于与线缆连接。并列敷设的金属管管口应排列有序，便于识别。

（5）金属管的敷设。

金属管的暗设应符合下列要求：

① 预埋在墙体中间的金属管内径不宜超过 50mm，楼板中的管径宜为 15~25mm，直线布管 30mm 处设置暗线盒。

② 敷设在混凝土、水泥里的金属管，其地基应坚实、平整，不应有沉陷，以保证敷设后的线缆安全运行。

③ 金属管连接时，管孔应对准，接缝应严密，不得有水泥、砂浆渗入。管孔对准、无错位，以免影响管、线、槽的有效管理，保证敷设线缆时穿线顺利。

④ 金属管道应有不小于 0.1%的排水坡度。

⑤ 建筑群之间金属管的埋设深度不应小于 0.7m；在人行道下面敷设时，不应小于 0.5m。

⑥ 金属管内应安置牵引线或拉线。

⑦ 金属管的两端应有标记，表示建筑物、楼层、房间和长度。

⑧ 光缆与电缆同管敷设时，应在金属管内预置塑料子管，将光缆敷设在子管内，使光缆和电缆分开布放，子管的内径应为光缆外径的 2.5 倍。

2. 金属线槽（见图4.7）的敷设

（1）线槽安装要求：

① 线槽安装位置应符合施工图规定，左右偏差视环境而定，最大不应超过50mm。

② 线槽水平每米偏差不应超过2mm。

③ 垂直线槽应与地面保持垂直，并无倾斜现象，垂直度偏差不应超过3mm。

④ 线槽节与节间用接头连接板拼接，螺钉应拧紧，两线槽拼接处水平度偏差不应超过2mm。

⑤ 当直线段桥架超过30m或跨越建筑物时，应有伸缩缝，其连接宜采用伸缩连接板。

⑥ 线槽转弯半径不应小于其槽内的线缆最小允许弯曲半径的最大值。

图4.7　金属线槽

⑦ 盖板应紧固。

⑧ 支吊架应保持垂直，整齐牢靠，无歪斜现象。

（2）水平子系统线缆敷设支撑保护。

预埋金属线槽支撑保护要求：

① 在建筑物中预埋线槽可为不同的尺寸，按一层或两层设置，应至少预埋两根以上，线槽截面高度不宜超过25mm。

② 线槽直埋长度超过15m或在线槽路由交叉、转弯时宜设置拉线盒，以便布放线缆盒时维护。

③ 拉线盒盖应能开启，并与地面齐平，盒盖处应能开启，并采取防水措施。

④ 线槽宜采用金属管引入分线盒内。

（3）设置线槽支撑保护。

① 水平敷设时，支撑间距一般为1.5～3m，垂直敷设时固定在建筑物结构体上的间距宜小于2m。

② 金属线槽敷设时，下列情况设置支架或吊架：线缆接头处、间距3m、离开线槽两端口0.5m处、线槽走向改变或转弯处。在活动地板下敷设线缆时，活动地板内净空不应小于150mm，如果活动地板内作为通风系统的风道使用时，地板内净高不应小于300mm，在工作区的信息点位置和线缆敷设方式未定的情况下，或在工作区采用地毯下布放线缆时，在工作区宜设置交接箱。

③ 干线子系统线缆敷设支撑保护线缆不得布放在电梯或管道竖井内，干线通道间应沟通。弱电间中线缆穿过每层楼板孔洞宜为方形或圆形，建筑群子系统线缆敷设支撑保护应符合设计要求。

3. PVC管的敷设

PVC管（见图4.8）一般是在工作区暗埋，操作时要注意两点：

（1）当管子需要转弯时，弯曲半径要大，不能使管子弯曲变形，造成不便于穿线。

（2）管内穿线不宜太多，要留有50%以上的空间。

4. PVC线槽（见图4.9）的敷设

PVC线槽安装具体有3种方式：

图4.8　PVC管

- 在天花板吊顶打吊杆或托式桥架。
- 在天花板吊顶外采用托架桥架铺设。
- 在天花板吊顶外采用托架加配定槽铺设。

采用托架时，一般在 1m 左右安装一个托架。固定槽时，一般 1m 左右安装一个固定点。固定点是指把槽固定的地方，根据槽的大小来定：

① 25×20～25×30 规格的槽，一个固定点应有 2～3 个固定螺丝，而并水平排列。

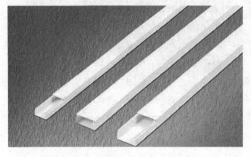

图 4.9 PVC 线槽

② 25×30 以上的规格槽，一个固定点应有 3～4 个固定螺丝，呈梯形状，使槽受力点分散分布。

③ 除了固定点外应每隔 1m 左右，钻 2 个孔，用双绞线穿入，待布线结束后，把所布的双绞线捆扎起来。

水平干线、垂直干线布槽的方法是一样的，差别在一个是横布槽一个是竖布槽。在水平干线与工作区交接处，不易施工时，可采用金属软管（蛇皮管）或塑料软管连接。

4.5.3 设备环境的安装

1. 机架安装要求

（1）机架安装完毕后，水平、垂直度应符合生产厂家规定。若无厂家规定时，垂直度偏差不应大于 3mm。

（2）机架上的各种零件不得脱落或碰坏，各种标志应完整清晰，如图 4.10 所示。

（3）机架的安装应牢固，应按施工的防震要求进行加固。

（4）安装机架面板，机架前应留由 0.6m 空间，机架背面离墙面距离视其型号而定，便于安装和维护。

2. 超五类模块化配线板的端接

首先把配线板（见图 4.11）按顺序依次固定在标准机柜的垂直滑轨上，用螺钉上紧，每个配线板需配有 1 个 19U 的配线管理架。

（1）在端接线对之前，首先要整理线缆。用带子将线缆缠绕在配线板的导入边缘上，最好是将线缆缠绕固定在垂直通道的挂架上，这可保证在线缆移动期间避免线对的变形。如图 4.12 所示是各种理线架。

图 4.10 机架

图 4.11 配线板

图 4.12 理线架（环）

(2) 从右到左穿过线缆,并按背面数字的顺序端接线缆。

(3) 对每条线缆,切去所需长度的外皮,以便进行线对的端接。

(4) 对于每一组连接块,设置线缆通过末端的保持器(或用扎带扎紧),这使得线对在线缆移动时不变形。

(5) 当弯曲线对时,要保持合适的张力,以防毁坏单个的线对。

(6) 对捻必须正确地安置到连接块的分开点上,这对于保证线缆的传输性能是很重要的。

(7) 开始把线对按顺序依次放到配线板背面的索引条中,从右到左的色码依次为紫、紫/白、橙、橙/白、绿、绿/白、蓝、蓝/白。

(8) 用手指将线对轻压到索引条的夹中,使用打线工具将线对压入配线模块并将伸出的导线头切断,然后用锥形钩清除切下的碎线头。

(9) 标签插到配线模块中,以标示此区域。

3. 110 语音配线架的端接

(1) 将配线架固定到机柜合适位置。

(2) 从机柜进线处开始整理电缆,电缆沿机柜两侧整理至配线架处,并留出大约 25cm 的大对数电缆,用电工刀或剪刀把大对数电缆的外皮剥去,如图 4.13 所示;使用绑扎带固定好电缆,将电缆穿过 110 语音配线架一侧的进线孔,摆放至配线架打线处,如图 4.14 所示。

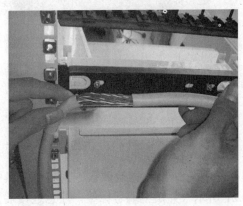

图 4.13 剥去外皮

图 4.14 摆放至配线架打线处

(3) 25 对线缆进行线序排列,首先进行主色分配,如图 4.15 所示;再按配色分配,如图 4.16 所示。标准分配原则如下:通信电缆色谱排列时,线缆主色为白、红、黑、黄、紫;线缆配色为蓝、橙、绿、棕、灰。一组线缆为 25 对,以色带来分组,一共有 25 组,分别如下:

① (白蓝、白橙、白绿、白棕、白灰)

② (红蓝、红橙、红绿、红棕、红灰)

③ (黑蓝、黑橙、黑绿、黑棕、黑灰)

④ (黄蓝、黄橙、黄绿、黄棕、黄灰)

⑤ (紫蓝、紫橙、紫绿、紫棕、紫灰)

1 到 25 对线为第 1 小组,用白蓝相间的色带缠绕。26 到 50 对线为第 2 小组,用白橙相间的色带缠绕。51 到 75 对线为第 3 小组,用白绿相间的色带缠绕。76 到 100 对线为第 4 小组,用白棕相间的色带缠绕。此 100 对线为 1 大组用白蓝相间的色带把 4 小组缠绕在一起。200 对,300 对,400 对……2400 对,以此类推。

图 4.15 主色分配

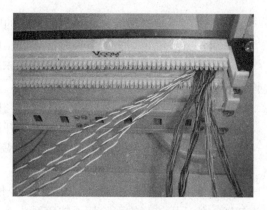
图 4.16 配色分配

（4）根据电缆色谱排列顺序，将对应颜色的线对逐一压入槽内，如图 4.17 所示；然后使用 110 打线工具固定线对连接，同时将伸出槽位外多余的导线截断。注意：刀要与配线架垂直，刀口向外，如图 4.18 所示。

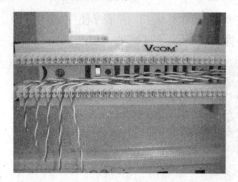
图 4.17 将线对压入槽内

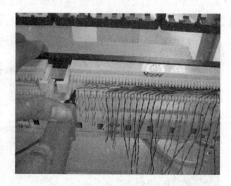
图 4.18 打线

（5）准备 5 对打线工具和 110 连接块，如图 4.19 所示。将连接块放入 5 对打线工具中，如图 4.20 所示。把连接块垂直压入槽内，如图 4.21 所示。并贴上编号标签，注意连接端子的组合是在 25 对的 110 配线架基座上安装时，应选择 5 个 4 对连接块和 1 个 5 对连接块，或 7 个 3 对连接块和 1 个 4 对连接块。从左到右完成白区、红区、黑区、黄区和紫区的安装。这与 25 对大对数电缆的安装色序一致。完成后的效果如图 4.22 所示。

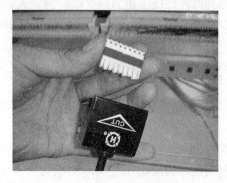
图 4.19 打线工具和连接块

图 4.20 连接块放入打线工具

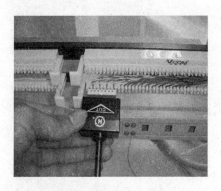　　　　　　　　　　　　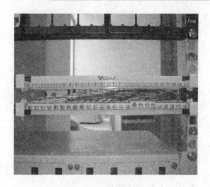

　图 4.21　连接块压入槽内　　　　　　　　　图 4.22　完成压接

4.5.4　双绞线的布放

1. 布线安全

参加施工的人员应遵守以下几点：

（1）着合适的衣服。

（2）用安全的工具。

（3）保证工作区的安全。

（4）制订施工安全措施。

2. 线缆布放的一般要求

（1）线缆布放前应核对规格、程式、路由及位置是否与设计规定相符合。

（2）布放的线缆应平直，不得产生扭绞、打圈等现象，不应受到外力挤压和损伤。

（3）在布放前，线缆两端应贴有标签，标明起始和终端位置，以及信息点的标号，标签书写应清晰、端正和正确。

（4）信号电缆、电源线、双绞线缆、光缆及建筑物内其他弱电线缆应分离布放。

（5）布放线缆应有冗余，在二级交接间、设备间双绞电缆预留长度一般为 3～6m，工作区为 0.3～0.6m，有特殊要求的应按设计要求预留。

（6）布放线缆，在牵引过程中吊挂线缆的支点相隔间距不应大于 1.5m。

（7）线缆布放过程中为避免受力和扭曲，应制作合格的牵引端头。如果采用机械牵引，应根据线缆布放环境、牵引的长度、牵引张力等因素选用集中牵引或分散牵引等方式。如图 4.23 所示为专用的穿线器。

图 4.23　专用的穿线器

3. 放线

（1）线缆箱中拉线：

① 除去塑料塞。

② 通过出线孔拉出数米的线缆。

③ 拉出所要求长度的线缆，割断它，将线缆滑回到槽中，留数厘米伸出在外面。

④ 重新插上塞子以固定线缆。

（2）线缆处理（剥线）：

① 使用斜口钳在塑料外衣上切开"1"字形的长缝。

② 找出尼龙的扯绳。

③ 将电缆紧握在一只手中，用尖嘴钳夹紧尼龙扯绳的一端，并把它从线缆的一端拉开，拉的长度根据需要而定。

④ 割去无用的电缆外衣（另外一种方法是利用切环器剥开电缆）。

4. 线缆牵引

用一条拉线将线缆牵引穿入墙壁管道、吊顶和地板管道称为线缆牵引。在施工中，应使拉线和线缆的连接点尽量平滑，所以要采用电工胶带在连接点外面紧紧地缠绕，以保证平滑和牢靠。

（1）牵引多条4对双绞线：

① 将多条线缆聚集成一束，并使它们的末端对齐。

② 用电工胶带紧绕在线缆束外面，在末端外绕长5～6cm。

③ 将拉绳穿过用电工带缠好的线缆，并打好结。

（2）如果在拉线缆过程中，连接点散开了，则要收回线缆和拉线重新制作更牢靠固定连接：

① 除去一些绝缘层暴露出5cm的裸线。

② 将裸线分成两条。

③ 将两束导线互相缠绕起来形成环。

④ 将拉绳穿过此环，并打结，然后将电工带缠到连接点周围，要缠得结实和平滑。

（3）牵引多条25对双绞线：

① 剥除约30cm的线缆护套，包括导线上的绝缘层。

② 使用斜口钳将线切去，留下约12根。

③ 将导线分成两个绞线组。

④ 将两组绞线交叉穿过拉线的环，在线缆的那边建立一个闭环。

⑤ 将双绞线一端的线缠绕在一起以使环封闭。

⑥ 将电工带紧紧地缠绕在线缆周围，覆盖长度约5cm，然后继续再绕上一段。

5. 建筑物水平线缆布线

（1）管道布线。

管道布线是在浇筑混凝土时已把管道预埋在地板中，管道内有牵引电缆线的钢丝或铁丝，施工时只需通过管道图纸了解地板管道，就可做出施工方案。

对于没有预埋管道的新建筑物，布线施工可以与建筑物装潢同步进行，这样便于布线，又不影响建筑的美观。管道一般从配线间埋到信息插座安装孔，施工时只要将双绞线固定在信息插座的接线端，从管道的另一端牵引拉线就可将线缆引到配线间。

（2）吊顶内布线。

① 索取施工图纸，确定布线路由。

② 沿着所设计的路由（在电缆桥架槽体内），打开吊顶，用双手推开每块镶板。

③ 将多个线缆箱并排放在一起，并使出线口向上。

④ 加标注，纸箱上可直接写标注，线缆的标注写在线缆末端，贴上标签。

⑤ 将合适长度的牵引线连接到一个带卷上。

⑥ 从离配线间最远的一端开始，将线缆的末端（捆在一起）沿着电缆桥架牵引经过吊顶走廊的末端。

⑦ 移动梯子将拉线投向吊顶的下一孔，直到绳子到达走廊的末端。

⑧ 将每两个箱子中的线缆拉出形成"对"，用胶带捆扎好。

⑨ 将拉绳穿过 3 个用带子缠绕好的线缆对，绳子结成一个环，再用带子将 3 对线缆与绳子捆紧。

⑩ 回到拉绳的另一端，人工牵引拉绳。所有的 6 条线缆（3 对）将自动从线箱中拉出并经过电缆桥架牵引到配线间。

⑪ 对下一组线缆（另外 3 对）重复第 8 步的操作。

⑫ 将剩下的线缆组增加到拉绳上，每次牵引它们向前，直到走廊末端，再继续牵引这些线缆一直到达配线间连接处。当线缆在吊顶内布完后，还要通过墙壁或墙柱的管道将线缆向下引至信息插座安装孔。将双绞线用胶带缠绕成紧密的一组，将其末端送入预埋在墙壁中的 PVC 圆管内并把它往下压，直到在插座孔处露出 25~30mm 即可。如图 4.24 所示为双绞线布线。

图 4.24 双绞线布线

6. 建筑物垂直干线线缆布线

我们采用室内多模光纤作为垂直干线的主要载体。光纤的垂直干线布放可参考 4.5.5 "光缆的布放"。

4.5.5 光缆的布放

1. 光缆施工基础知识

（1）操作程序。

① 在进行光纤接续或制作光纤连接器时，施工人员必须戴上眼镜和手套，穿上工作服，保持环境洁净。

② 不允许观看已通电的光源、光纤及其连接器，更不允许用光学仪器观看已通电的光纤传输通道器件。

③ 只有在断开所有光源的情况下，才能对光纤传输系统进行维护操作。

(2) 光纤布线过程。

① 光纤的纤芯是石英玻璃的，极易弄断，因此在施工弯曲时不允许超过最小的弯曲半径。

② 光纤的抗拉强度比电缆小，因此在操作光缆时，不允许超过各种类型光缆抗拉强度。在光缆敷设好以后，在设备间和楼层配线间，首先将光缆捆接在一起，然后才进行光纤连接。可以利用光纤端接装置（OUT）、光纤耦合器、光纤连接器面板来建立模组化的连接。当辐射光缆工作完成后及光纤交连和在应有的位置上建立互连模组以后，就可以将光纤连接器加到光纤末端上，建立光纤连接。

③ 通过性能测试来检验整体通道的有效性，并为所有连接加上标签。

2. 施工准备

（1）光缆的检验要求。

① 全程所用的光缆规格、型号、数量应符合设计的规定和合同要求。

② 光纤所附标记、标签内容应齐全和清晰。

③ 光缆外护套需完整无损，光缆应有出厂质量检验合格证。

④ 光缆开盘后，应先检查光缆外观有无损伤，光缆端头封装是否良好。

⑤ 光纤跳线检验应符合下列规定：具有经过防火处理的光纤保护包皮，两端的活动连接器端面应装配有合适的保护盖帽；每根光纤接插线的光纤类型应有明显的标记，应符合设计要求，如图4.25所示。

图 4.25 光纤附标记

（2）配线设备的使用应符合的规定。

① 光缆交接设备的型号、规格应符合设计要求。

② 光缆交接设备的编排及标记名称，应与设计相符，各类标记名称应统一，标记位置应正确、清晰。

3. 光缆布线的要求

布放光缆应平直，不得产生扭绞、打圈等现象，不应受到外力挤压和损伤。光缆布放前，其两端应贴有标签，以表明起始和终端位置。标签应书写清晰、端正和正确，最好以直线方式敷设光缆。如有拐弯，光缆的弯曲半径在静止状态时至少应为光缆外径的10倍，在施工过程中至少应为20倍。

4. 光缆布放

（1）通过弱电井垂直敷设。

在弱电井中敷设光缆有两种选择：向上牵引和向下垂放。通常向下垂放比向上牵引容易些，因此当准备好向下垂放敷设光缆时，应按以下步骤进行工作：

① 在离建筑顶层设备间的槽孔1~1.5m处安放光缆卷轴，使卷筒在转动时能控制光缆。将光缆卷轴安置于平台上，以便保持在所有时间内光缆与卷筒轴心都是垂直的，放置卷轴时要

使光缆的末端在其顶部，然后从卷轴顶部牵引光缆。

② 转动光缆卷轴，并将光缆从其顶部牵出，牵引光缆时，要保持不超过最小弯曲半径和最大张力的规定。

③ 引导光缆进入敷设好的电缆桥架中。

④ 慢慢地从光缆卷轴上牵引光缆，直到下一层的施工人员可以接到光缆并引入下一层。在每一层楼均重复以上步骤，当光缆达到底层时，要使光缆松弛地盘在地上。在弱电间敷设光缆时，为了减少光缆上的负荷，应在一定的间隔上（如 5.5m）用缆带将光缆扣牢在墙壁上。用这种方法，光缆不需要中间支持，但要小心地捆扎光缆，不要弄断光纤。为了避免弄断光纤及产生附加的传输损耗，在捆扎光缆时不要碰破光缆外护套。固定光缆的步骤如下：

a．用塑料扎带，由光缆的顶部开始，将干线光缆扣牢在电缆桥架上。

b．由上往下，在指定的间隔（5.5m）安装扎带，直到干线光缆被牢固地扣好。

c．检查光缆外套有无破损，盖上桥架的外盖。

（2）通过吊顶敷设光缆。

本系统中，敷设光纤从弱电井到配线间的这段路径，一般采用走吊顶（电缆桥架）敷设的方式：

① 沿着所建议的光纤敷设路径打开吊顶。

② 利用工具切去一段光纤的外护套，并由一端开始的 0.3m 处环切光缆的外护套，然后除去外护套。

③ 将光纤及加固芯切去并掩没在外护套中，只留下纱线。对需敷设的每条光缆重复此过程。

④ 纱线与带子扭绞在一起。

⑤ 胶布紧紧地将长 20cm 范围的光缆护套缠住。

⑥ 将纱线馈送到合适的夹子中去，直到被带子缠绕的护套全塞入夹子中为止。

⑦ 将带子绕在夹子和光缆上，将光缆牵引到所需的地方，并留下足够长的光缆供后续处理用。

5. 光纤端接的主要材料

（1）连接器件。

（2）套筒：黑色用于直径 3.0mm 的光纤；银色用于 2.4mm 的单光纤。

（3）缓冲层光纤缆支持器（引导）。

（4）螺纹帽的扩展器。

（5）护帽。

6. 组装标准光纤连接器的方法

（1）ST 型护套光纤现场安装方法：

① 打开材料袋，驱除连接体和后罩壳。

② 转动安装平台，使安装平台打开，用所提供的安装平台底座，把安装工具固定在一张工作台上。

③ 把连接体插入安装平台插孔内，释放拉簧朝上，把连接体的后壳罩向安装平台插孔内推。当前防护罩全部被推入安装平台插孔后，顺时针旋转连接体 1/4 圈，并缩紧在此位置上，防护罩留在上面。

④ 在连接体的后罩壳上拧紧松紧套（捏住松紧套有助于插入光纤），将后壳罩带松紧套的细端先套在光纤上，挤压套管也沿着芯线方向向前滑。

⑤ 用剥线器从光纤末端剥去约 40～50mm 外护套，护套必须剥得干净，端面成直角。

⑥ 让纱线头离开缓冲层集中向后面，在护套末端的缓冲层上做标记，在缓冲层上做标记。

⑦ 在裸露的缓冲层处拿住光纤，把离光纤末端 6mm 或 11mm 标记处的 900μm 缓冲层剥去。

⑧ 用一块蘸有酒精的纸或布小心地擦洗裸露的光纤。

⑨ 将纱线抹向一边，把缓冲层压在光纤切割器上，用镊子取出废弃的光纤，并妥善地置于废物瓶中。

⑩ 把切割后的光纤插入显微镜的边孔里，检查切割是否合格。

⑪ 从连接体上取下后端防尘罩并扔掉。

⑫ 检查缓冲层上的参考标记位置是否正确。把裸露的光纤小心地插入连接体内，直到感觉光纤碰到了连接体的底部为止，用固定夹子固定光纤。

⑬ 按压安装平台的活塞，慢慢地松开活塞。

⑭ 把连接体向前推动，并逆时针旋转连接体 1/4 圈，以便从安装平台上取下连接体。把连接体放入打褶工具，并使之平直，用打褶工具的第一个刻槽，在缓冲层上的"缓冲褶皱区域"打上褶皱。

⑮ 重新把连接体插入安装平台插孔内并锁紧，把连接体逆时针旋转 1/8 圈，小心地剪去多余的纱线。

⑯ 在纱线上滑动挤压套管，保证挤压套管紧贴在连接到连接体后端的扣环上，用打褶工具中间的那个槽给挤压套管打褶。

⑰ 松开芯线，将光纤弄直，推后罩壳使之与前套结合，正确插入时能听到一声轻微的响声，此时可从安装平台上卸下连接体。

（2）SC 型护套光纤器现场安装方法：

① 打开材料袋，取出连接体和后壳罩。

② 转动安装平台，使安装平台打开，用所提供的安装平台底座，把这些工具固定在一张工作台上。

③ 把连接体插入安装平台内，释放拉簧朝上（把连接体的后壳罩向安装平台插孔内推，当前防尘罩全部推入安装平台插孔后，顺时针旋转连接体 1/4 圈，并锁紧在此位置上；防尘罩留在上面）。

④ 将松紧套套在光纤上，挤压套管也沿着芯线方向向前滑。

⑤ 用剥线器从光纤末端剥去约 40～50mm 外护套，护套必须剥得干净，端面成直角。

⑥ 将纱线头集中拢向 900μm 缓冲光纤后面，在缓冲层上做第一个标记（如果光纤细于 2.4mm，在保护套末端做标记；否则在束线器上做标记）；在缓冲层上做第二个标记（如果光纤细于 2.4mm，就在 6mm 和 17mm 处做标记；否则就在 4mm 和 15mm 处做标记）。

⑦ 在裸露的缓冲层处拿住光纤，把光纤末端到第一个标记处的 900μm 缓冲层剥去（为了不损坏光纤，从光纤上一小段一小段剥去缓冲层；握紧护套可以防止光纤移动）。

⑧ 用一块蘸有酒精的纸或布小心地擦洗裸露的光纤。

⑨ 将纱线抹向一边，把缓冲层压在光纤切割器上，从缓冲层末端切割出 7mm 光纤。用镊子取出废弃的光纤，并妥善地置于废物瓶中。

⑩ 把切割后的光纤插入显微镜的边孔里，检查切割是否合格（把显微镜置于白色面板上，可以获得更清晰明亮的图像；还可以用显微镜的底孔来检查连接体的末端套圈）。

⑪ 从连接体上取下后端防尘罩并扔掉。

⑫ 检查缓冲层上的参考标记位置是否正确，把裸露的光纤小心地插入连接体内，知道感觉光纤碰到了连接体的底部为止。

⑬ 按压安装平台的活塞，慢慢地松开活塞。

⑭ 小心地从安装平台上取出连接体，以松开光纤，把打褶工具松开放置于多用工具突起处并使之平直，使打褶工具保持水平，并适当地拧紧（听到三声轻响）。把连接体装入打褶工具的第一个槽，多用工具突起指到打褶工具的柄，在缓冲层的缓冲褶皱区用力打上褶皱。

⑮ 抓住处理工具（轻轻）拉动，使滑动部分露出约 8mm，取出处理工具并扔掉。

⑯ 轻轻朝连接体方向拉动纱线，并使纱线排整齐，在纱线上滑动挤压套管，将纱线均匀地绕在连接体上，从安装平台上小心地取下连接体。

⑰ 抓住主体的环，使主体滑入连接体的后部，直到它到达连接体的档位。

4.6 任务 4——机房网络布线的测试验收

4.6.1 双绞线传输测试

1. 线缆传输的验证测试

施工中常见的连接故障是电缆标签错、连接开路、双绞电缆接线图错（包括错对、极性接反、串扰）及短路。

（1）开路、短路（见图 4.26 和图 4.27）：在施工时由于安装工具或接线技巧问题及墙内穿线技术问题，会产生这类故障。

 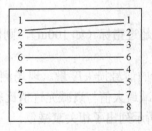

图 4.26 开路　　　　　　　　图 4.27 短路

（2）反接（见图 4.28）：同一对线在两端针位接反，如一端为 1-2，另一端为 2-1。

（3）错对（见图 4.29）：将一对线接到另一端的另一对线上，比如一端是 1-2，另一端接在 4.5 针上。最典型的错误就是打线时混用 T568A 与 T568B 的色标。

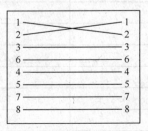 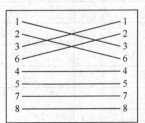

图 4.28 反接　　　　　　　　图 4.29 错对

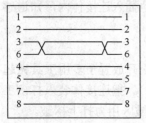

图 4.30 串扰

（4）串扰（见图 4.30）：就是将原来的两对线分别拆开而又重新组成新的线对。因为出现这种故障时，端对端连通性是好的，所以万用表这类工具检查不出来，只有用专用的电缆测试仪才能检查出来。由于串扰使相关的线对没有扭结，在线对间信号通过时会产生很高的近端串扰（NEXT）。

2．线缆传输的认证测试

（1）认证测试标准：

- EIA/TIA 568A《商业建筑电信布线标准》
- TSB-67《现场测试非屏蔽双绞电缆布线测试传输性能技术规范》
- ISO/IEC 11801:1995（E）国际布线标准

（2）认证测试模型。

为了测试 UTP 布线系统，水平连接应包含信息插座/连接器、转换点、90m UTP（第 3 至 5 类）、一个包括两个接线块或插口的交接器件和总长 10m 的接插线。两种连接配置用于测试目的。基本连接包括分布电缆、信息插座/连接器或转换点及一个水平交接部件。这是连接的固定部分。信道连接包括基本连接和安装的设备、用户和交接跨接电缆。TSB-67 规定了一种连接的可允许的最差衰减和串扰。

（3）认证测试参数。

① 接线图。

这一测试是确认链路的连接，即确认链路导线的线对正确而且不能产生任何串扰。正确的接线图要求端到端相应的针连接是 1 对 1，2 对 2，3 对 3，4 对 4，5 对 5，6 对 6，7 对 7，8 对 8。

② 链路长度。

如果线缆长度超过指标（如 100m），则信号衰减较大。

③ 衰减。

衰减是沿链路的信号损失度量。现场测试设备应测量出安装的每一对线的衰减最严重情况，并且通过将衰减最大值与衰减允许值比较后，给出合格（Pass）或不合格（Fail）的结论。如表 4.2 和表 4.3 所示列出了相关衰减量。

表 4.2 双绞线信道衰减量

频率/MHz	三类线缆的衰减量/dB	五类线缆的衰减量/dB
1.00	4.2	2.5
4.00	7.3	4.5
8.00	10.2	6.3
10.00	11.5	7.0
16.00	14.9	9.2
20.00	—	10.3
25.00	—	11.4
31.25	—	12.8
62.50	—	18.5
100.00	—	24.0

表 4.3　基本链路衰减量

频率/MHz	三类线缆的衰减量/dB	五类线缆的衰减量/dB
1.00	3.2	2.1
4.00	6.1	4.0
8.00	8.8	5.7
10.00	10.0	6.3
16.00	13.2	8.2
20.00	—	9.2
25.00	—	10.3
31.25	—	11.5
62.50	—	16.7
100.00	—	21.6

④ 近端串扰（NEXT）损耗。

近端串扰损耗是测量一条 UTP 链路中从一对线到另一对线的信号耦合，是 UTP 链路的一个关键的性能指标。在一条典型的 4 对 UTP 链路上测试 NEXT 值，需要在每一对线之间测试，即 12/36，12/45，12/78，36/45，36/78，45/78。如表 4.4 和表 4.5 所示为相关近端串扰数据。

表 4.4　信道近端串扰

频率/MHz	三类线缆的近端串扰/dB	五类线缆的近端串扰/dB
1.00	39.1	60.0
4.00	29.3	50.6
8.00	24.3	45.6
10.00	22.7	44.0
16.00	19.3	40.6
20.00	—	39.0
25.00	—	37.4
31.25	—	35.7
62.50	—	30.6
100.00	—	27.1

表 4.5　基本链路近端串扰

频率/MHz	三类线缆的近端串扰/dB	五类线缆的近端串扰/dB
1.00	40.1	60.0
4.00	30.7	51.8
8.00	25.9	47.1
10.00	24.3	45.5
16.00	21.0	42.3
20.00	—	40.7

续表

频率/MHz	三类线缆的近端串扰/dB	五类线缆的近端串扰/dB
25.00	—	39.1
31.25	—	37.6
62.50	—	32.7
100.00	—	29.3

⑤ 特性阻抗。

特性阻抗包括电阻及频率自 1~100MHz 的电感抗及电容抗，它与一对电线之间的距离及绝缘体的电气特性有关。

3. 解决测试错误的方法

对双绞线进行测试时，可能产生的问题有接线图未通过、长度未通过、衰减未通过、近端串扰未通过，也有可能会因为测试仪的问题造成测试的错误，现分别叙述如下。

（1）接线图未通过。

其原因可能有：

- 两端的接头有断路、短路、交叉、破裂开路。
- 跨接错误。某些网络需要发送端和接收端跨接，当为这些网络构筑测试链路时，由于设备线路的跨接，使测试接线图出现交叉。

（2）长度未通过。

其原因可能有：

- NVP 设置不正确，可用已知的好线确定并重新校准 NVP。
- 实际长度过长。
- 开路或短路。
- 设备连线及跨接线的总长度过长。

（3）衰减未通过。

其原因可能有：

- 双绞线长度过长。
- 温度过高。
- 连接点有问题。
- 链路线缆和接插件性能有问题，或不是同一类产品。
- 线缆的端接质量有问题。

（4）近端串扰未通过。

其原因可能有：

- 近端连接点有问题。
- 远端连接点短路。
- 串对。
- 外部噪声。
- 链路线缆和接插件性能有问题，或不是同一类产品。
- 线缆的端接质量有问题。

(5) 测试仪问题：
- 测试仪不启动时，可更换电池或充电。
- 测试仪不能工作或不能进行远端校准时，应确保两台测试仪都能启动，并有足够的电池或更换测试线。
- 测试仪设置为不正确的电缆类型时，应重新设置测试仪的参数、类别、阻抗和传输速度。
- 测试仪设置为不正确的链路结构时，按要求重新设置为基本链路或通路链路。
- 测试仪不能储存自动测试结果时，确认所选的测试结果名字是否唯一或检查可用内存的容量。
- 测试仪不能打印储存的自动测试结果时，应确定打印机和测试仪的接口参数，将其设置成一样，或确认测试结果已被选为打印输出。

4.6.2 光缆的传输测试

1. 光缆测试概述

在光纤的应用中，光纤本身的种类很多，但光纤及其系统的基本测试方法大体上都是一样的，所使用的设备也基本相同。

2. 光纤测试参数

（1）光纤的连续性。

进行连续性测量时，通常是把红色激光、发光二极管或者其他可见光注入光纤，并在光纤的末端监视输出。如果在光纤中有断裂或其他的不连续点，在光纤输出端的光功率就会减少或者根本没有光输出。光通过光纤传输后，功率的衰减大小也能表示出光纤的传导性能，如果光纤的衰减太大，则系统也不能正常工作。光功率计和光源是进行光纤传输特性测量的一般设备。

（2）光纤的率减。

光纤的衰减主要是由光纤本身的固有吸收和散射造成的。衰减系数应在许多波长上进行测量，因此选择单色仪作为光源，也可以用发光二极管作为多模光纤的测试源。

（3）光纤的带宽。

带宽是光纤传输系统中重要参数之一，带宽越宽，信息传输速率就越高。

在大多数的多模系统中，都采用发光二极管作为光源，光源本身也会影响带宽，这是因为这些发光二极管光源的频谱分布很宽，其中长波长的光比短波长的光传播速度要快。这种光传播速度的差别就是色散，它会导致光脉冲在传输后被展宽。

3. 造成光纤衰减的多种原因

（1）造成光纤衰减的主要因素。

造成光纤衰减的主要因素有本征、弯曲、挤压、杂质、不均匀和对接等。

本征：是光纤的固有损耗，包括瑞利散射、固有吸收等。

弯曲：光纤弯曲时部分光纤内的光会因散射而损失掉，造成损耗。

挤压：光纤受到挤压时产生微小的弯曲而造成损耗。

杂质：光纤内杂质吸收和散射在光纤中传播的光而造成损耗。

不均匀：光纤材料的折射率不均匀而造成损耗。

对接：光纤对接时会产生损耗。例如，不同轴（单模光纤同轴度要求小于 $0.8\ \mu m$），端面与轴心不垂直，端面不平，对接芯径不匹配和熔接质量差等。

(2)光纤损耗的分类。

光纤损耗大致可分为光纤具有的固有损耗及光纤制成后由使用条件造成的附加损耗。固有损耗包括散射损耗、吸收损耗和因光纤结构不完善引起的损耗；附加损耗则包括微弯损耗、弯曲损耗和接续损耗。

(3)材料的吸收损耗。

制造光纤的材料能够吸收光能。光纤材料中的粒子吸收光能以后产生振动、发热，而将能量散失掉，这样就产生了吸收损耗。

(4)散射损耗。

在黑夜里，用手电筒向空中照射时，可以看到一束光柱。人们也曾看到过夜空中探照灯发出粗大光柱。那么，为什么我们会看见这些光柱呢？这是因为有许多烟雾、灰尘等微小颗粒浮游于大气之中，光照射在这些颗粒上，产生了散射，就射向了四面八方。这个现象是由瑞利最先发现的，所以人们把这种散射命名为"瑞利散射"。

(5)光纤本身结构的不完善。

光纤结构是不完善的，如由于光纤中有气泡、杂质或者粗细不均匀，特别是芯—包层交界面不平滑等，当光线传到这些地方时，就会有一部分光散射到各个方向，造成损耗。这种损耗是可以想办法克服的，那就是要改善光纤制造的工艺。

项目小结

设备间与机房是安装重要网络设备的地方，因此为了保证网络设备的正常运行，避免由于环境问题导致网络设备发生故障或瘫痪，对机房环境（包括温度、湿度、电磁干扰等）有着较为苛刻的要求。

通过本项目的学习，读者应了解机房布线项目的相关标准，掌握机房布线方案的设计方法，掌握机柜的安装、配线设备的安装、110语音配线架的端接、网络配线架的端接、线缆的布放等实施技术及机房布线测试验收方法。

实训1 信息点端口对应表的制作

1. 实训目的

综合布线工程信息点端口对应表是一张记录端口信息与其所在位置的二维表。它是网络管理人员在日常维护和检查综合布线系统端口过程中快速查找和定位端口的依据。综合布线端口对应表是综合布线施工必需的技术文件，主要规定房间编号、每个信息点的编号、配线架编号、端口编号、机柜编号等，主要用于系统管理、施工方便和后续日常维护。

2. 实训要求

(1)表格设计合理。要求表格打印后，表格宽度和文字大小合理，编号清楚，特别是编号数字不能太大或者太小，一般使用小四或者五号字。

(2)编号正确。信息点端口编号一般由数字+字母串组成，编号中必须包含工作区位置、端口位置、配线架编号、配线架端口编号、机柜编号等信息，能够直观反映信息点与配线架端口的对应关系。

（3）文件名称正确。端口对应表可以按照建筑物编制，也可以按照楼层编制，或者按照 FD 配线机柜编制，无论采取哪种编制方法，都要在文件名称中直接体现端口的区域，能够直接反映该文件内容。

（4）签字和日期正确。作为工程技术文件，编写、审核、审定、批准等人员签字非常重要，日期直接反映文件的有效性。

端口对应表的编制一般使用 Microsoft Office Word 软件或 Microsoft Office Excel 软件。

3．实训步骤

（1）制作表名。

新建 Excel 工作簿，文本字体："宋体"；字号："18"；字形："加粗"；单元格设置水平对齐方式："居中对齐"。

（2）制作表头。

文本字体："宋体"；字号："12"；字形："加粗"；每个数字代表配线架上一个端口的编号。单元格格式、边框、外边框和内部具有细线条。

（3）制作配线架表格内容。设计表格前，首先分析端口对应表需要包含的主要信息，确定表格列数量；其次确定表格行数，一般第一行为类别信息，其余按照信息点总数量设置行数，每个信息点一行。

（4）为各个信息点标签编号。

从第一个开始依次编号，例如，机柜编号、配线架编号、配线架端口编号、插座底盒编号、房间编号、信息点编号。

（5）填写编制人和单位等信息。

实训 2　机柜的安装

1．实训目的

掌握机柜的安装方法。

2．实训要求

GB50311—2007《综合布线系统工程设计规范》国家标准第 6 章安装工艺要求内容中，对机柜的安装有如下要求：

一般情况下，综合布线系统的配线设备和计算机网络设备采用 19in 标准机柜安装。机柜尺寸通常为 600mm（宽）×900mm（深）×2000mm（高），共有 42U 的安装空间。机柜内可安装光纤连接盘、RJ-45（24 口）配线模块、多线对卡接模块（100 对）、理线架、计算机 Hub/SW 设备等。如果按建筑物每层电话和数据信息点各为 200 个考虑配置上述设备，大约需要有 2 个 19in（42U）的机柜空间，以此测算电信间面积至少应为 $5m^2$（2.5m×2.0m）。对于涉及布线系统设置内、外网或专用网时，19in 机柜应分别设置，并在保持一定间距的情况下预测电信间的面积。

对于管理间子系统来说，多数情况下采用 6U～12U 壁挂式机柜，一般安装在每个楼层的竖井内或者楼道中间位置。具体安装方法采取三角支架或者膨胀螺栓固定机柜。

3. 实训步骤

（1）立式机柜的安装。

① 实训工具，列出安装工具清单。

② 立式机柜安装位置。立式机柜在管理间、设备间或机房的布置必须考虑远离配电箱，四周保证有 1m 的通道和检修空间。设计一种设备安装图，并且绘制图纸。

③ 测量尺寸，准备好需要安装的设备——立式网络机柜，将机柜就位，然后将机柜底部的定位螺栓向下旋转，将 4 个轱辘悬空，保证机柜不能转动。记录安装过程。

④ 安装步骤及安装注意事项。

（2）壁挂式机柜的安装。

① 实训工具，列出安装工具清单。

② 设计一种机柜内安装设备布局示意图，并且绘制安装图。

③ 设计图，核算材料规格和数量，列出材料清单。

④ 准备好需要安装的设备，打开设备自带的螺丝包，在设计好的位置安装配线架、理线环等设备，注意保持设备平齐，螺丝固定牢固，并且做好设备编号和标记。记录安装过程。

⑤ 总结机柜的安装步骤及安装注意事项。

实训 3　配线设备的安装

1. 实训目的

（1）通过网络配线设备的安装和压接线实验，了解网络机柜内布线设备的安装方法和使用功能。

（2）通过配线设备的安装，熟悉常用工具和配套基本材料的使用方法。

2. 实训要求

（1）准备实训工具，列出实训工具清单。

（2）独立领取实训材料和工具。

（3）完成网络配线架的安装和压接线实验。

（4）完成理线环的安装和理线实验。

3. 实训设备、材料和工具

（1）配线架，每个壁挂机柜内 1 个。

（2）理线环，每个配线架 1 个。

（3）UPT 网络双绞线，模块压接线实训用。

（4）十字头螺丝刀，长度 150mm，用于固定螺丝。一般每人 1 把。

（5）压线钳，用于压接网络配线架模块，一般每人 1 把。

4. 实训步骤

（1）设计一种机柜内安装设备布局示意图，并且绘制安装图。

3～4 人组成一个项目组，选举项目负责人，每组设计一种设备安装图，并且绘制图纸。项目负责人指定 1 种设计方案进行实训。

（2）按照设计图，核算实训材料规格和数量，掌握工程材料核算方法，列出材料清单。

（3）按照设计图，准备实训工具，列出实训工具清单。

（4）领取实训材料和工具。

（5）确定机柜内需要安装设备和数量，合理安排配线架、理线环的位置，主要考虑线路合理，施工和维修方便。

（6）准备好需要安装的设备，打开设备自带的螺丝包，在设计好的位置安装配线架、理线环等设备，注意保持设备平齐，螺丝固定牢靠。同时做好设备编号和标记。

（7）安装完毕后，开始理线和压接线缆。

5. 实训分组

为了满足全班 40~50 人同时实训和充分利用实训设备，实训前必须进行合理的分组，保证每组的实训内容相同，难易程度相同。分组要求从机柜到信息点完成一个永久链路的水平布线实训，以不同机柜、不同布线高度、不同布线拐弯分别组合成多种布线路径实训，每个小组分配一种布线路径实训。

实训 4 网络配线架的端接

1. 实训目的

掌握网络配线架的端接方法。

2. 实训要求

（1）机柜内部安装配线架前，首先要进行设备位置规划或按照图纸规定确定位置，统一考虑机柜内部的跳线架、配线架、理线环、交换机等设备。同时考虑配线架与交换机之间跳线方便。

（2）采用地面出线方式时，一般缆线从机柜底部穿入机柜内部，配线架宜安装在机柜下部。采取桥架出线方式时，一般缆线从机柜顶部穿入机柜内部，配线架宜安装在机柜上部。缆线采取从机柜侧面穿入机柜内部时，配线架宜安装在机柜中部。

（3）配线架应该安装在左右对应的孔中，水平误差不大于 2mm，更不允许左右孔错位安装。

3. 实训步骤

（1）检查配线架和配件完整。

（2）将配线架安装在机柜设计位置的立柱上。

（3）理线。

（4）端接打线。

（5）做好标记，安装标签条。

4. 安装配线架注意事项

（1）位置：机柜中间偏下方。

（2）方向：插水晶头面向外。

（3）注意：水平、固定。

5. 向配线架打线注意事项

（1）注意线序统一（按色块指示等）。

（2）打线时注意打线工具与配线架垂直，各线间无交叉。

（3）注意各双绞线的位置。

（4）整理线。

6. 配线架端接实例

如图 4.31 所示为模块化配线架端接后机柜内部示意图（信息点多）；如图 4.32 所示为固定式配线架（横式）端接后机柜内部示意图（信息点少）；如图 4.33 所示为固定式配线架（竖式）端接后配线架背部示意图。

图 4.31　模块化配线架端接后机柜内部示意图

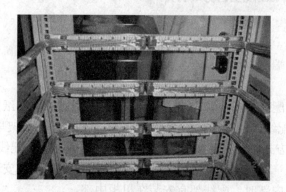

图 4.32　固定式配线架（横式）端接后机柜内部示意图

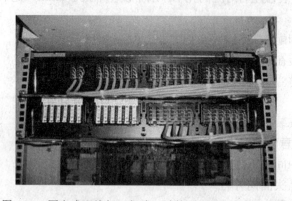

图 4.33　固定式配线架（竖式）端接后配线架背部示意图

实训 5　110 语音配线架的端接

1. 实训目的

掌握 110 语音配线架的端接方法。

2. 实训要求

(1) 设计一种水平子系统的布线路径和方式,并且绘制施工图。

(2) 按照设计图,核算实训材料规格和数量,掌握工程材料核算方法,列出材料清单。

(3) 按照设计图,准备实训工具,列出实训工具清单,独立领取实训材料和工具。

3. 实训设备、工具、材料

(1) 机柜、110 配线架。

(2) 螺丝、螺丝刀、打线钳、双绞线。

4. 实训步骤

通信跳线架主要是用于语音配线系统的。一般采用 110 跳线架,主要是上级程控交换机过来的接线与到桌面终端的语音信息点连接线之间的连接和跳接部分,便于管理、维护、测试。

其安装步骤如下:

(1) 取出 110 跳线架和附带的螺丝。

(2) 利用十字螺丝刀把 110 跳线架用螺丝直接固定在网络机柜的立柱上。

(3) 理线。

(4) 按打线标准把每个线芯按照顺序压在跳线架下层模块端接口中。

(5) 把 5 对连接模块用力垂直压接在 110 跳线架上,完成下层端接。

实训 6 综合布线工程测试实训

1. 实训目的

掌握五 E 类和六类布线系统的测试标准,掌握简单网络链路测试仪的使用方法,掌握用 FLUKE DSP—4100 进行认证测试的方法,掌握用 FLUKE DSP—4100 进行光纤测试的方法。

2. 实训内容

(1) 电缆系统包括插座,插头,用户电缆,跳线,配线架,等等。

(2) UTP 链路标准:

- 定义测试参数和测试限的数值(公式)。
- 定义两种链路的性能指标,包括永久链路和通道。
- 定义现场测试仪和网络分析仪比较的方法。
- 性能的测试限基于元件的性能指标和元件互连的"实际情况"、安装工艺的影响。

(3) 现场测试的参数。

接线图(开路/短路/错对/串扰)、长度、衰减、近端串扰、回波损耗、ACR 衰减串扰比、传输时延、时延差、综合近端串扰、等效远端串扰、综合等效远端串扰。

(4) 测试内容:

① 对实训 3 中安装的双绞线链路进行测试。

② 对实训室的一条光缆链路进行测试。

3. 实训步骤

施工时用简单线缆测试仪进行测试,施工完成后用 FLUKE DSP—4100 进行认证测试。

附：FLUKE DSP-4100 认证测试指南。
1. DSP-4x00 系列产品（见图 4.34）

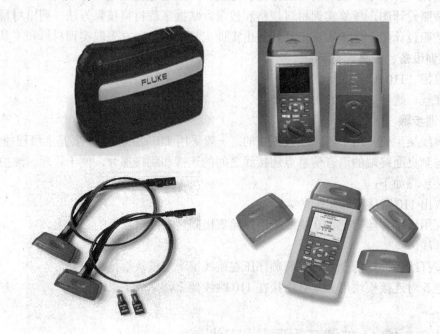

图 4.34　DSP-4x00 系列产品

2. 主端的控制功能（见图 4.35）

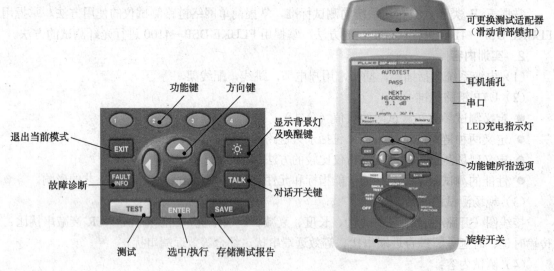

图 4.35　主端的控制功能

3. 远端的控制功能（见图 4.36）
面板显示项：
- Test Pass 测试通过
- Test in Progress 测试在进行中
- Test Fail 测试失败

- Talk set active 激活对话
- Low Battery 电池电量过低

4. 测试准备

（1）去现场前：
- 查看电池电量。
- 主端/远端校准。
- 确认所测线缆的类型及方式。
- 携带相应的测试适配器及附件。
- 检查测试适配器的设置。
- 检查测试适配器的功能。
- 运行自测试。

（2）维护工作：
- 下载最新的升级软件。
- 主端和远端充满电。
- 主端和远端校准。
- 运行自测试。
- 校准永久链路适配器（为增加精确度的选件）。

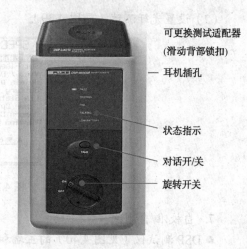

图 4.36 远端的控制器

5. 线缆测试设置—连接（见图 4.37）

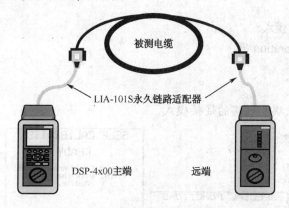

图 4.37 线缆测试设置—连接

6. 特殊功能

（1）设置非屏蔽双绞线测试（见图 4.38）。

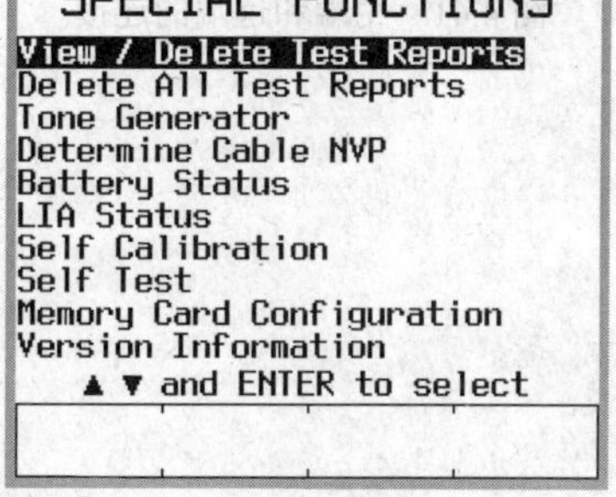

```
SPECIAL FUNCTIONS
View / Delete Test Reports
Delete All Test Reports
Tone Generator
Determine Cable NVP
Battery Status
LIA Status
Self Calibration
Self Test
Memory Card Configuration
Version Information
    ▲▼ and ENTER to select
```

图 4.38 设置非屏蔽双绞线测试

（2）设置光纤测试（见图 4.39）。

图 4.39　设置光纤测试

7. 自校准/自测试
● DSP 测试仪（见图 4.40）的主端和远端应该每月做一次自校准。
● 用自测试来检查硬件情况。

图 4.40　DSP 测试仪

主端和远端的连接模式：
（1）选中 Self Calibration 项。
（2）按 Enter 键。
（3）按 Test 键。
如图 4.41 所示为主端和远端的连接模式。

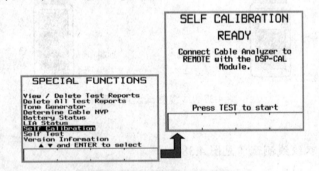

图 4.41　主端和远端的连接

8. 其他设置选项
● 编辑报告标识。
● 图形数据存储。
● 设置自动关闭电源时间。
● 关闭或启动测试伴音。
● 选择打印机类型。
● 设置串口。

- 设置日期时间。
- 选择长度单位：ft/m。
- 选择数字格式。
- 选择打印/显示语言。
- 选择 50 Hz 或 60 Hz 电力线滤波器。
- 选择脉冲噪声故障极限。
- 选择精确的频段指示。

9. 自动测试（见图 4.42）

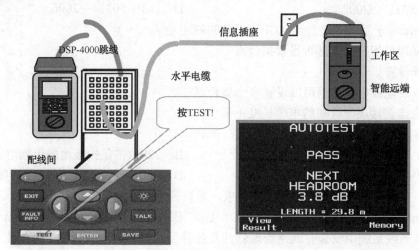

图 4.42　自动测试

10. 自动测试结果（见图 4.43）
- 指示结果，通过或失败。
- 所有的测试都需选择参照的标准。

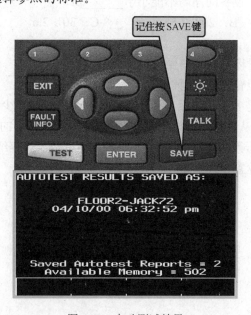

图 4.43　自动测试结果

按 View Result 按钮来查看每个结果。

练习题

一、选择题

1. 目前执行的综合布线系统设计国家标准是（　　）。
   A. ISO/IEC 11801:2002　　　　　　　　B. GB 50312—2007
   C. GB 50311—2007　　　　　　　　　　D. GB/T 50314—2006

2. 有关配线子系统中集合点（CP）正确的叙述是（　　）。
   A. 根据现场情况决定是否设置集合点
   B. 必须设置集合点
   C. 同一条配线电缆路由可以设置多个集合点
   D. 集合点到楼层配线架的电缆长度不限

3. 电信间、设备间应提供（　　）。
   A. 220V 单相电源插座　　　　　　　　B. 220V 带保护接地的单相电源插座
   C. 380V 三相电源插座　　　　　　　　D. 380V 带保护接地的三相电源插座

4. 机柜、机架安装位置应符合设计要求，垂直偏差度不应大于（　　）。
   A. 1mm　　　　　B. 2mm　　　　　C. 3mm　　　　　D. 5mm

5. 综合布线系统中安装有线路管理器件及各种公共设备，实现对整个系统集中管理的区域属于（　　）。
   A. 管理子系统　　　B. 干线子系统　　　C. 设备间子系统　　　D. 建筑群子系统

6. 设备间子系统的大小应根据智能化建筑的规模、采用各种不同系统、安装设备的多少、网络结构等要求综合考虑，在设备间应该安装好所有设备，并有足够的施工和维护空间，其面积最低不能少于____m²？设备间净高不能小于____m？（　　）
   A. 10，2.55　　　　B. 20，2.55　　　　C. 30，2.6　　　　D. 40，2.8

二、简答题

1. 设备间、交接间对环境有哪些要求？
2. 综合布线中的机柜有什么作用？
3. 标准机柜的宽度是多少？机柜容量单位"U"的高度是多少？某建筑物的一个楼层，共有 230 个网络信息点，从设备间敷设一条 12 芯多模光缆到该层的电信间，若网络设备（24口）与配线设备都安装在同一机柜中，最少需要多大的机柜才能容纳下这些设备？
4. 如何确定机房的位置和大小？

第 5 章

企业大厦网络布线设计与实现

5.1 项目引入

某企业大厦作为一座现代化的大厦,信息需求高,为了适应新技术的发展和应用,需建造一个高性能、高品质的综合布线系统。该布线系统需将该楼内的弱电系统即电脑、电话等通信线路,采用结构化综合布线技术,统一管道、统一介质的电缆进行配管、配线,使得布线系统能够方便、灵活地与相关系统的终端设备进行连接,组建电话、电脑、会议电视、监视电视等网络。同时也便于与外界进行联网,从而实现办公自动化和通信自动化。

5.2 项目准备

5.2.1 工程项目的招投标

1. 工程项目招投标概述

工程项目招投标指业主对自愿参加工程项目的投标人进行审查、评议和选定的过程。业主对项目的建设地点、规模容量、质量要求和工程进度等予以明确后,向社会公开招标或邀请招标,承包商则根据业主的需求投标。

2. 工程项目的招标

(1) 招标的方式。
- 招标的方式主要分为公开招标和邀请招标。
- 公开招标由招标单位发布招标广告,只要有意投标的承包商都可以购买招标文件,参加资格审查和进行投标工作,因此招标的工作量较大而且复杂,较适用于工程规模较大的项目。

- 邀请招标主要是业主根据对市场的了解,针对有投标能力的三个以上企业发布招标邀请。

(2) 招标的程序（6个步骤）：

① 建设项目的报建。

② 编制招标文件。

③ 投标人资格预审。

④ 发放招标文件。

⑤ 开标、评标与定标。

⑥ 签订合同。

(3) 选用网络布线方案时应注意的问题。

- 投标对象的选择。
- 价格的选择。
- 产品的选型。
- 选择合适的技术。
- 网络布线系统方案的选择。
- 通常应该注意以下几点：功能是否符合用户单位目前的需求；是否有可发展、可扩充的余地；系统升级时，目前投资是否仍然有效；布线系统结构是否合理；布线系统采用的技术是否先进、成熟；选用器材的质量、价格、性能/价格比如何。

3. 工程项目的投标

(1) 投标人及其条件。

投标人：响应招标、参加投标竞争的法人或其他组织。

投标人要具备以下几个条件。

① 投标人应具备规定的资格条件，证明文件应以原件或招标单位盖章后生效，具体可包括如下内容：

- 投标单位的企业法人营业执照。
- 系统集成授权证书。
- 专项工程设计证书。
- 施工资质证书。
- ISO 9000 系列质量保证体系认证证书。
- 高新技术企业资质证书。
- 金融机构出具的财务评审报告。
- 产品厂家授权的分销或代理证书。
- 产品鉴定入网证书。

② 投标人应按照招标文件的具体要求编制投标文件，并做出实质性的响应。

③ 投标文件应在招标文件要求提交的截止日期前送达招标地点，并在截止日期前可以修改、补充或撤回所提交的投标文件。

④ 两个或两个以上的法人可以组成一个联合体，以一个投标人的身份共同投标。

(2) 投标的组织。

工程投标的组织工作应由专门的机构和人员负责，其组成可以包括项目负责人，管理、技术、施工等方面的专业人员。投标人应充分体现出技术、经验、实力和信誉等方面的组织管理水平。

(3) 工程的联合承包。

对于较大的和技术复杂的工程可以由几家工程公司联合承包,应体现强强联合的优势,并做好相互间的协调与计划。

(4) 投标程序及内容。

投标内容可以包括从填写资格预审表到将正式投标文件交付业主为止的全部工作,主要包括以下几项工作。

① 工程项目的现场考察。

现场考察应重点调查了解以下情况:
- 建筑物施工情况。
- 工地及周边环境、电力等情况。
- 本工程与其他工程间的关系。
- 工地附近住宿及加工条件。

② 分析招标文件,校核工程量,编制施工计划。

招标文件是投标的主要依据,研究招标文件重点应考虑以下几个方面:
- 投标人须知。
- 合同条件。
- 设计图纸。
- 工程量。

工程量确定。投标人根据工程规模核准工程量,并做询价与市场调查,这对于工程的总造价影响较大。

编制施工计划。一般包括施工方案和施工方法、施工进度、劳动力计划,原则是在保证工程质量与工期的前提下,降低成本和增长利润。

③ 工程投标报价。

报价应进行单价、利润和成本分析,并选定定额,确定费率。投标的报价应取在适中的水平,一般应考虑综合布线系统的等级、产品的档次及配置量。工程报价可包括以下几个方面:
- 设备与主材价格:根据器材清单计算。
- 工程安装调测费:根据相关预算定额取定。
- 工程其他费:包括总包费、设计费、培训费等。
- 预备费。
- 优惠价格。
- 工程总价。

④ 编制投标文件。

投标文件应完全按照招投标文件的各项要求编制,一般不带任何附加条件,否则将导致投标作废。

投标文件的组成:
- 投标书。
- 投标书附件。
- 投标保证金。
- 法定代表人资格证明书。
- 授权委托书。

- 具有标价的工程量清单与报价表。
- 施工计划。
- 资格审查表。
- 对招标文件中的合同协议条款内容的确认与响应。
- 按招标文件规定提交的其他资料。

投标文件一般包括商务部分与技术方案部分，特别需注重技术方案的描述。技术方案应根据招标书提出的建筑物的平面图及系统功能要求，确定信息点的分布情况，而且对于布线系统应达到的等级标准、推荐产品的型号规格、遵循的标准与规范、安装及测试要求等方面应进行充分的思考并做出较完整的论述。

系统设计应遵循下列原则：
- 先进性、成熟性和实用性。
- 服务性和便利性。
- 经济合理性。
- 标准化。
- 灵活性和开放性。
- 集成与可扩展性。

⑤ 封送投标书。

在规定的截止日期之前，将准备妥当的所有投标文件密封递送到招标单位。

⑥ 开标。

招标单位按招投标法的要求和招投标程序进行开标。

⑦ 评标。

一般由招标人组成专家评审小组对各投标书进行评议和打分，打分结果应有评委成员的签字方可生效，然后评选出中标承包商。在评标过程中，评委会要求投标人针对某些问题进行答复。

由于投标书的打分结果直接关系到投标人能否中标，因此一般采用公开评议与无记名打分相结合的方式，打分为 10 分制或 100 分制，具体内容如下：
- 技术方案。
- 施工实施措施、施工组织与工程进度。
- 售后服务与承诺。
- 企业资质。
- 评优工程与业绩。
- 建议方案。
- 工程造价。
- 推荐的产品。
- 图纸及技术资料、文件。
- 答辩。
- 优惠条件。
- 业主对投标企业及工程项目考察情况。

⑧ 中标与签订合同。

根据打分和评议结果选择中标承包商，或根据评委打分的结果推荐 2~3 名投标入选人，由业主再经考核和评议确定中标承包商，然后由建设单位与承包商签订合同。

4. 工程预算

（1）标底价。

标底价是综合布线安装工程造价的表现形式之一，是指由建设单位经批准自行编制或委托有编制标底资格和能力的中介机构代理编制并经核准审定的发包造价。标底是招标工程的预期价格，是建设单位对招标工程所需费用的自我测算和控制，也是判断投标报价合理性的依据。

标底的作用如下：
- 使建设单位预先明确自己在拟建工程上应承担的财务义务。
- 上级主管部门核实建设规模的依据。
- 衡量投标单位报价的准绳。
- 是评标的重要尺度，是选择中标单位的重要依据。

标底的内容如下：
- 标底编制说明。
- 标底编制汇总表。
- 材料用量分析。
- 工程量表，工程量计算书。
- 标底价格详细预算书。
- 定额工期（日历天）。

标底计价方法参照建筑行业的工程造价计算方法：工料单价法和综合单价法。

（2）综合单价法。

① 工程量清单报价的特点：
- 工程量清单报价均采用综合单价形式，综合单价中包含了工程直接费、工程间接费、利润和应上缴的各种税费等。
- 工程量清单报价要求投标单位根据市场行情和自身实力报价，并逐渐推行最低投标中标法，从而打破了工程造价形成的单一性和垄断性，呈现出有高有低的多样性。
- 工程量清单报价具有合同化的法定性。

② 综合单价的组成。

综合单价由成本、利润、税金组成，包括完成局部分项工程或采取特殊施工措施所需的人工费、材料费、机械费、综合费、风险费、利润、劳动保险费、规费和税金。

③ 工程量清单报价中，造价控制的 4 个阶段：
- 工程项目施工前准备阶段。
- 工程项目施工招投标阶段。
- 工程项目施工实施阶段。
- 工程项目竣工结算阶段。

（3）工程预算和标底的审查。

① 预算审查的基本原则：坚持实事求是、客观公正、遵纪守法。

② 审查预算的形式：会审和单审。

③ 审查的步骤：
- 熟悉设计图纸。
- 了解预算包括的范围。
- 弄清预算采用的人工费定额依据。

- 选择合适的审查方法，按相应内容审查。
- 综合整理审查资料，并与编制单位交换意见，定案后编制调整预算。

④ 工程材料与设备预算的内容。

工程材料包括线槽、线管、钢钉、电钻钻头、刀片、螺丝与螺帽、线卡。

设备与预算材料表包括工作区子系统材料、设备表；管理子系统材料、设备表；垂直子系统材料、设备表；干线子系统材料、设备表；设备间材料、设备表；建筑群子系统材料、设备表；系统辅料、材料、设备汇总表。

5.2.2 招标文件的编制

1. 施工招标文件的编制原则

（1）招标人招标应具备的条件：

① 是法人或依法成立的其他组织。
② 有与招标工程相适应的技术、经济、管理人员。
③ 有组织编制招标文件的能力。
④ 有审查投标单位资质的能力。
⑤ 有组织开标、评标、定标的能力。

不具备上述条件的，招标人应当委托具有相应资格的工程招标代理机构代理施工招标。

（2）招标代理机构应具备的条件：

① 是依法设立的中介组织。
② 与行政机关和其他国家机关没有行政隶属关系或者其他利益关系。
③ 有固定的营业场所和开展工程招标代理业务所需设施及办公条件。
④ 有健全的组织机构和内部管理的规章制度。
⑤ 具备编制招标文件和组织评标的相应专业力量。
⑥ 具有可以作为评标委员会成员人选的技术、经济等方面的专家库。

（3）建设项目施工招标应具备的条件：

① 概算已经批准。
② 建设项目已正式列入国家、部门或地方的年度固定资产投资计划。
③ 建设用地的征用工作已经完成。
④ 有能够满足施工需要的施工图纸和技术资料。
⑤ 建设资金和主要建设材料、设备的来源已经落实。
⑥ 已经通过建设项目所在地规划部门的批准，施工现场的"三通一平"已经完成或列入施工招标范围。

（4）必须遵守国家的法律和法规及有关贷款组织的要求。

招标文件是中标者签订合同的基础。按《合同法》规定，凡违反法律、法规和国家有关规定的合同属无效合同。因此招标文件必须符合国家的《经济法》、《合同法》、《招标投标法》等多项有关法规。

如果建设项目是国际组织贷款，必须按该组织的各种规定和审批程序来编制招标文件。

（5）应公正、合理地处理业主和承包商的关系，保护双方的利益。

如果在招标文件中不恰当地，过多将业主风险转移给承包商一方，势必迫使承包商加大风险费用,提高投标报价,最终还是业主增加支出。

(6) 招标文件应正确、详尽地反映项目的客观、真实情况。

这样可以使投标者的投标能建立在客观可靠的基础上,减少签约和履约过程中的争议。

(7) 招标文件各部分的内容要力求统一,避免各份文件之间的矛盾。

招标文件涉及投标者须知、合同条件、规范、工程量表等多项内容,它们很容易产生矛盾。如果在文件各部分之间矛盾很多,就会给投标工作和履行合同的过程中带来许多争端,甚至影响整个工程的施工,造成很大的经济损失。

招标文件是招标人向投标人提供的具体项目招投标工作的作业标准性文件。它阐明了招标工程的性质,规定了招标程序和规则、告知了订立合同的条件。招标文件既是投标人编制投标文件的依据,又是招标人组织招标工作、评标、定标的依据。也是招标人与中标人订立合同的基础。因此,招标文件在整个招标过程中起着至关重要的作用。招标人应十分重视编制招标文件的工作,并本着公平互利的原则,务使招标文件严密、周到、细致、内容正确。

招标文件的种类很多,如施工招标文件、监理招标文件、材料招标文件、设备招标文件、勘察招标文件、设计招标文件、测量招标文件等。本章只介绍施工招标文件。

2. 招标文件的组成

招标文件一般由五大部分构成,即投标须知及投标须知前附表、合同条款及格式、工程建设标准、图纸及工程量清单、投标文件格式。

(1) 投标须知及投标须知前附表。

投标人须知。即具体制订投标的规则,使投标商在投标时有所遵循。主要内容包括:

① 资金来源。

② 如果没有进行资格预审的,要提出投标商的资格要求。

③ 货物原产地要求。

④ 招标文件和投标文件的澄清程序。

⑤ 投标文件的内容要求。

⑥ 投标语言。尤其是国际性招标,由于参与竞标的供应商来自世界各地,必须对投标语言做出规定。

⑦ 投标价格和货币规定。对投标报价的范围做出规定,即报价应包括哪些方面,统一报价口径便于评标时计算和比较最低评标价。

⑧ 修改和撤销投标的规定。

⑨ 标书格式和投标保证金的要求。

⑩ 评标的标准和程序。

⑪ 国内优惠的规定。

⑫ 投标程序。

⑬ 投标有效期。

⑭ 投标截止日期。

⑮ 开标的时间、地点等。

(2) 合同条款及格式。

合同条件也称合同条款,是合同中商务条款的重要组成部分。合同条件主要是论述在合同执行过程中,当事人双方的职责范围、权利和义务,监理工程师的职责和授权范围,遇到各类问题(诸如工程、进度、质量、检验、支付、索赔、争议、仲裁等)时,各方应遵循的原则及采用的措施等。

工程合同条件一般分为两大部分，即通用条件和专用条件。前者不分具体工程项目，具有普遍适应性；而后者则是用以将通用条件加以具体化，针对某一特定工程项目合同的有关具体规定对通用条件进行某些修改和补充。

合同协议书应按"施工招标文件"确定的格式拟定，是合同双方的总承诺，合同常见格式的具体内容应约定在协议书附件中。

（3）工程建设标准。

工程建设标准是招标文件中一个非常重要的组成部分，规范和图纸两者反映了招标单位对工程项目的技术要求，也是施工过程中承包商控制质量和工程师检查验收的主要依据。

通用的工程建设标准，既要满足设计要求，保证工程的施工质量，又不能过于苛刻。因为太苛刻的技术要求必然导致投标者提高投标价格。

（4）图纸及工程量清单。

工程图纸是招标文件和合同的重要组成部分，是投标者在拟定施工方案，确定施工方法直至提出替代方案，计算投标报价必不可少的资料。

图纸的详细程度取决于设计的深度、合同的类型及工程项目的管理模式。实际工作中，常常在工程实施中需要陆续补充和修改图纸，这些补充和修改的图纸均需经工程师签字后正式下达，才能作为施工及结算的依据。

5.2.3 投标文件的编制

1. 标书的编制规则和依据

各省、自治区、直辖市均制订了标书的编制依据，投标企业必须此编制出自己的投标文件。例如，北京市规定的标书编制依据如下：①现行的概预算定额及其配套的材料预算价格；②现行的各项取费标准及其他有关规定；③现行的工资定额；④招标工程的设计图纸及有关说明；⑤经过招标管理办公室批准的招标文件；⑥施工现场的实际条件等。

投标企业可根据管理水平、人员配备、投入的设备情况和具体的施工组织方案及技术措施等实际情况作合理的浮动，但必须以上述规定为基础。

投标文件应完全按照招投标文件的各项要求编制，一般不带任何附加条件，否则将导致投标作废。

2. 投标文件的组成

对某一具体工程的投标报价做出决策以后，即应编制正式标书。一般由工程投标书统一格式制订，投标企业按要求编制和投送。其基本内容如下：

（1）封面，填写招标方及工程项目及名称、投标企业名称与法定代表人姓名，以及标书送投日期。

（2）目录。

（3）投标函及投标函附录。

（4）投标保证金。

（5）技术部分：①施工进度安排计划；②劳动力安排计划；③机械设备情况；④主要施工方案及措施。

（6）投标报价部分：①工程量清单投标总价；②总说明；③单项工程费汇总表；④单位工

程费汇总表；⑤分部分项工程量清单计价表；⑥措施项目清单计价表（一）、（二）；⑦其他项目清单计价表；⑧规费清单计价表；⑨分部分项工程量清单综合单价分析表；⑩主要材料价格表。

3. 编制投标文件的注意事项

（1）投标文件中，必须采用投标文件规定的文件表格格式。填写表格时应根据招标文件的要求，否则在评标时就被认为放弃此项要求。重要的项目或数字，如质量等级、价格、工期等如未填写，将视为无效或废标。

（2）所编制的投标文件"正本"只有一份，"副本"则按招标文件的要求的份数提供，正本与副本不一致，以正本为准。

（3）投标文件应打印清楚、整洁、美观。所有投标文件均应由投标人的法人代表签署，加盖印章和法人单位公章。

（4）对报价数据要认真核对，消除计算错误。对各分部分项工程的报价及报价的单方造价、全员劳动生产率、单位工程一般用料和用工指标、人工费和材料费的比例是否正常等，应根据现有指标和企业内部数据进行宏观审核，防止出现大的错误和漏项。

（5）全套投标文件应当没有涂改或行间插字。如投标人造成涂改或行间插字，每个地方均应有投标文件签字人签字并加盖印章。

（6）如招标文件规定投标保证金为合同总价的某一百分比时，投标人不宜过早开具投标保函，以防泄漏自己的报价。

（7）投标文件必须严格按照招标文件的规定编写，切勿对招标文件要求进行修改或提出保留意见。

（8）编制投标文件过程中，必须考虑开标后如果进入评标，在评标过程应采取的对策。如果情况允许，可另向业主致函，表明投送投标文件后，考虑到同业主长期合作的诚意，决定降低报价的额度。如果投标文件中采用了替代备选方案，函中也可阐明方案的优点，并明确表明，在评标时与招标人讨论使报价更为合理。

投标文件一般包括商务部分与技术方案部分，特别需注重技术方案的描述。技术方案应根据招标书提出的建筑物的平面图及系统功能要求，确定信息点的分布情况，而且对于布线系统应达到的等级标准、推荐产品的型号规格、遵循的标准与规范、安装及测试要求等方面进行充分的思考并做出较完整的论述。

5.2.4 Visio 软件操作

对于小型、简单的网络拓扑结构可能比较好画，因为其中涉及到的网络设备可能不是很多，图元外观也不会要求完全符合相应产品型号，通过简单的画图软件（如 Windows 系统中的"画图"软件、HyperSnap 等）即可轻松实现。而对于一些大型、复杂网络拓扑结构图的绘制则通常需要采用一些非常专业的绘图软件，如 Visio、LAN MapShot 等。

在这些专业的绘图软件中，不仅会有许多外观漂亮、型号多样的产品外观图，而且还提供了圆滑的曲线、斜向文字标注，以及各种特殊的箭头和线条绘制工具。如图 5.1 所示是 Visio 2003 中的一个界面，在图的中央是从左边图元面板中拉出的一些网络设备图元（从左上到右外依次为交换机、路由器、防火墙、工作站、域控制器），从中可以看出，这些设备图元外观都非常漂亮。当然实际中可以从软件中直接提取的图元远不止这些。这些都可以从其左边图元面板中直接得到。本节和下节将简单介绍这两款网络结构软件在网络拓扑结构绘制中的应用方法。

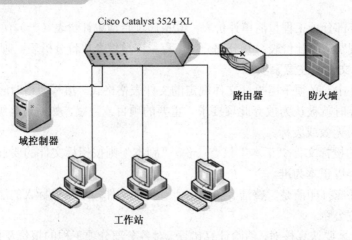

图 5.1 用 Visio 2003 绘制的简单网络拓扑结构示意图

Visio 系列软件是微软公司开发的高级绘图软件，属于 Office 系列，可以绘制流程图、网络拓扑图、组织结构图、机械工程图等。它功能强大，易于使用，就像 Word 一样。它可以帮助网络工程师创建商业和技术方面的图形，对复杂的概念、过程及系统进行组织和文档备案。Visio 2003 还可以通过直接与数据资源同步自动化数据图形，提供最新的图形，还可以自订制来满足特定需求。下面是绘制网络拓扑结构的基本步骤。

（1）运行 Visio 2003 软件，在打开的如图 5.2 所示窗口左边"类别"列表中选择"网络"选项，然后在右边窗口中选择一个对应的选项，或者在 Visio 2003 主界面中执行【新建】→【网络】菜单下的某项菜单选项操作，都可打开如图 5.3 所示界面（在此仅以选择"详细网络图"选项为例）。

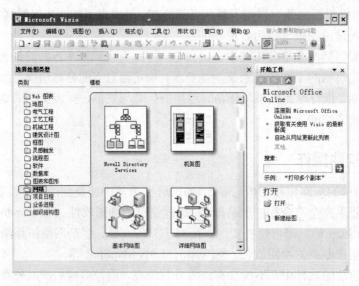

图 5.2　Visio 2003 主界面

（2）如图 5.3 所示，在左边图元列表中选择"网络和外设"选项，在其中的图元列表中选择"交换机"项（因为交换机通常是网络的中心，首先确定好交换机的位置），单击鼠标左键把交换机图元拖到右边窗口中的相应位置，然后松开鼠标左键，得到一个交换机图元，如图 5.4 所示。还可以在按住鼠标左键的同时拖动四周的绿色方格来调整图元大小，通过单击鼠标左键的同时旋转图元顶部的绿色小圆圈,以改变图元的摆放方向,再通过把鼠标放在图元上,然后在出现 4 个方向箭头时按住鼠标左键可以调整图元的位置。如图 5.5 所示是调整后的一个交换机图元。通过双击图元可以查看它的放大图。

图 5.3 "详细网络图"拓扑结构绘制界面

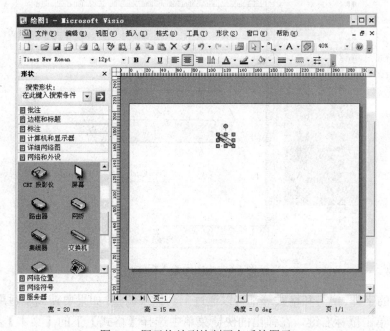

图 5.4 图元拖放到绘制平台后的图示

（3）要为交换机标注型号可单击工具栏中的按钮,即可在图元下方显示一个小的文本框,此时你可以输入交换机型号,或其他标注了,如图 5.6 所示。输入完后在空白处单击鼠标即可完成输入,图元又恢复原来调整后的大小。

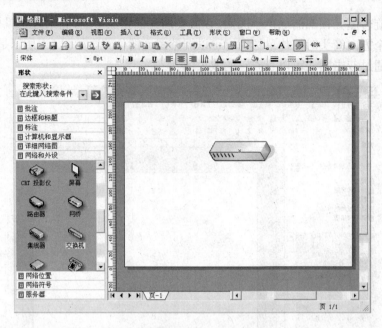

图 5.5 调整交换机图元大小、方向和位置后的图示

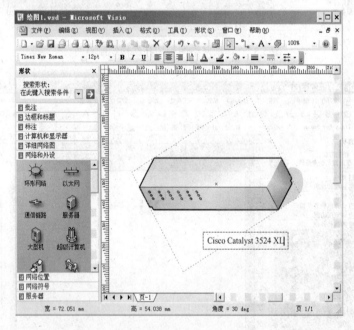

图 5.6 给图元输入标注

标注文本的字体、字号和格式等都可以通过工具栏来调整,如果要使调整适用于所有标注,则可在图元上单击鼠标右键,在弹出的快捷菜单中选择【格式】下的【文本】菜单选项,打开如图 5.7 所示对话框,在此可以进行详细的配置。标注的输入文本框位置也可通过按住鼠标左键移动。

(4) 以同样的方法添加一台服务器,并把它与交换机连接起来。服务器的添加方法与交换机一样,在此只介绍交换机与服务器的连接方法。在 Visio 2003 中介绍的连接方法很复杂,其实可以不用管它,只需使用工具栏中的连接线工具进行连接即可。在选择了该工具后,单击要连接的两个图元之一,此时会有一个红色的方框,移动鼠标选择相应的位置,当出现紫色星状点时按住鼠标左键,把连接线拖到另一图元,注意此时如果出现一个大的红方框则表示不宜选择此连接点,只有当出现小的红色星状点时即可松开鼠标,连接成功,如图 5.8 所示就是交换机—服务器的连接。

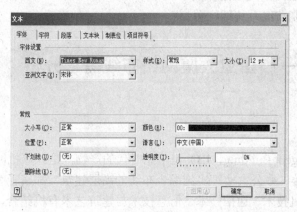

图 5.7　标注文本的通用设置对话框

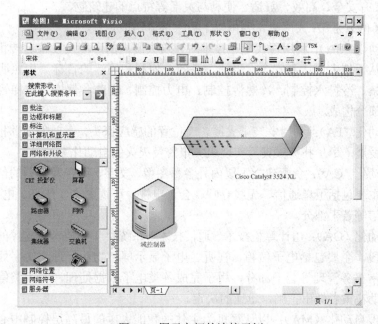

图 5.8　图元之间的连接示例

提示：在更改图元大小、方向和位置时,一定在工具栏中选择"选取"工具,否则不会出现图元大小、方向和位置的方点和圆点,无法调整。要整体移动多个图元的位置,可在同时按住 **Ctrl** 和 **Shift** 两键的情况下,按住鼠标左键拖动选取整个要移动的图元,当出现一个矩形框,并且鼠标呈 4 个方向箭头时,即可通过拖动鼠标移动多个图元了。要删除连接线,只需先选取相应连接线,然后再按 Delete 键即可。

（5）把其他网络设备图元一一添加并与网络中的相应设备图元连接起来,当然这些设备图元可能会在左边窗口中的不同类别选项窗格下面。如果左边已显示的类别中没有包括,则可通过单击工具栏中的按钮，打开一个类别选择列表，从中可以添加其他类别显示在左边窗口中。

说明：以上只是介绍了 Visio 2003 的极少部分网络拓扑结构绘制功能，因为它的使用方法比较简单，操作方法与 Word 类似，在此不一一详细介绍了。

➢ 思考与练习

1. 使用 Word 绘制简单网络拓扑图。
2. 使用 Visio 绘制布线系统结构图。

5.3 任务 1——企业大厦网络布线需求分析

5.3.1 智能大厦

智能大厦（Intelligent Building，IB）是信息时代的产物，是计算机网络系统应用的重大方向。商务酒店、写字楼、办公大楼等实施综合布线的高层建筑，都属于智能大厦的范畴。利用系统集成方法将计算机技术、通信技术、信息技术与建筑艺术有机结合，可实现对设备的自动监控、对信息资源的管理和对使用者的信息服务及其与建筑的优化组合。智能大厦是指适合信息社会要求且具有安全、高效、舒适、便利与灵活等特点的建筑物。

智能大厦（也称为 5A 大厦）主要由以下五大部分组成。

- 楼宇自动化（BA）：利用现代电子技术对建筑大厦内的环境及设备运转状况进行监控和管理，从而使大厦达到安全、舒适、高效、便利和灵活的目标。由照明控制、空调控制、门禁、冷排水控制、冷热源控制、电力控制、消防、保安、电梯管理、车库管理等若干部分构成。
- 防火自动化（FA）：利用安装于大厦各个位置的感应探头，及时发现并报告火情，控制火灾的发展，尽早扑灭火灾，实现火灾报警及灭火的自动化系统。
- 通信自动化（CA）：负责建立大厦内外各种图像、文字、语音及数据的信息交换和传输关系。主要包括卫星通信、无线寻呼、会议电视、可视图文、传真、电话、有线电视、数据通信等若干部分。
- 办公自动化（OA）：由计算机技术、通信技术、系统科学等技术所支撑的辅助办公的自动化手段，主要包括电子信箱、视听、电子显示屏、物业管理、文字处理、共用信息库、日常事务管理等若干部分，用于完成各类电子数据处理，对各类信息实施有效管理，辅助决策者做出正确、迅速的决定。
- 信息管理自动化（MA）：以计算机为主体的智能大厦的最高层控制中心，通过综合布线系统将各子系统连为一体，对整个大厦实施统一管理和监控，同时为各子系统之间建立一个标准的信息交换平台。

网络布线系统是大厦所有信息的传输系统，利用双绞线或光缆来完成各类信息的传输。区别于传统的楼宇信息传输系统的是，它采用模块化设计，统一标准实施，以满足智能化建筑高效、可靠、灵活性等要求。因此，要实现大厦的数据、语音、多媒体视像、会议电视、自动控制信息等的灵活、方便和快速传输，综合布线系统建设显得尤为关键。

智能大厦的结构化布线系统应当具有以下特点。

- 实用性：支持以太网（包括快速以太网、吉比特以太网和 10 吉比特以太网）、ATM 等各种网络类型，支持多种数据通信、多媒体技术及信息管理系统等，能够适应现代和未来技术的发展。
- 灵活性：任何信息点都能够连接各种类型的网络设备和网络终端设备，如交换机、集线器、计算机、网络打印机、网络终端、网络摄像头、IP 电话等。
- 开放性：支持所有厂家的所有符合国际标准的网络设备和计算机产品，支持各种类型的网络结构，如总线型、星形、树形、网型、环形等。
- 模块化：所有接插件都采用积木式的国际标准件，方便日常的使用、管理、维护和扩充。
- 扩展性：实施后的结构化布线系统是可扩充的，以便有更大的网络接入需求和更高的网络性能需求时，可以容易地接入新的设备，或者实现各种设备的更新。
- 经济性：一次性投资，长期受益，维护费用低，使整体投资达到最少。
- 根据标准设计的布线方案，智能大厦能适应和支持现有的或将来的通信及计算机网络需求，能适应语音、数据计算机局域网（LAN）、光纤分布数据接口（FDDI）、图像和其他连接的需要。智能化楼宇的结构化布线系统不仅为现代化的信息通信铺设了信息高速公路，而且也为楼宇的智能管理提供了集中的控制通路。

5.3.2 网络布线需求分析

综合布线系统为智能化大楼的网络系统提供线路通道。通信系统是一套比较复杂的系统，它要求传输的数据保密可靠，不能丢失更不能被其他单位复制，并且，随着计算机技术，网络技术的不断发展和普及，对系统的数据传输速度和线路的要求越来越高，这样就要求综合布线系统不仅仅满足目前的要求，还要考虑将来一个时期内的变化，做到管理有序，操作简单。

综合布线为通信网络提供的线路通道目前为语音、数据的传输网络，具体应用如普通的电话、宽带上网、IP 电话等。随着新技术的不断发展，还有一些新的通信方法如电视电话、卫星电话等正逐步发展。而所有的这些技术对通信线路的要求是很高的，这样就要求在设计综合布线系统时必须对通信网络的应用作科学的分析，还要为将来的网络技术升级成多媒体应用、ATM 和千兆以太网等技术奠定良好的基础。

综合布线工程是其他所有弱电系统的基础，要采取较高、新的技术和产品，使今后 10～15 年的电信技术的发展、网络技术的发展不受布线系统的限制。同时要考虑目前应用的需要。

大楼建设的总目标是以高性能综合布线系统支撑，建成一个包含多用途的办公自动化系统，能适应日益发展的办公业务电子化要求的现代化和智能化楼宇。从而实现对大楼的电气、防火防盗、监控、计算机通信等全套实施按需控制，实现资源共享与外界信息交流。

根据本工程的具体情况，须满足系统纳入结构化布线系统的条件有以下几个：

（1）超五类水平电缆在设备端口至终端端口的距离不超过 90m。

（2）采用高速率、大带宽的传输介质，数据传输的带宽在水平区内可达 622Mb/s。

（3）具有一定的抗电磁干扰特性和防电磁辐射泄露性能。

通过信息端点规划定位，PDS 布线支撑，使系统获得相当健全的"信息公路"网络体系，借助计算机网络服务的强有力工具，提高调度、行政管理效率与水平。也为该建筑群提供了良好的内部环境和畅通的对外联络设施。

根据施工平面图及甲方要求，本工程信息点均设计为语音点和数据点，核算出各楼层信息点分布如表 5.1 所示。

表 5.1 各楼层信息点分布

楼　　层	类　　型	数　据　点	语　音　点
地下室		**	**
1层		**	**
2层		**	**
3层		**	**
……		**	**
n层		**	**

注：本大楼在**层中都是标准的办公楼，每层中有*个办公区，每个办公区中设有**个语音点，**个数据点。

信息点总计：****

5.4 任务2——企业大厦综合布线设计

5.4.1 系统设计原则及依据

设计方案参照 ISO/IEC ISO 11801 ANSI/TIA/EIA568A，采用符合超五类标准的布线线缆和连接硬件。系统支持语言和数据（图像、多媒体）传输，可满足快速以太网、ATM155Mbps/622.5Mbps 及千兆以太网等应用场合。

1. 设计原则

综合布线同传统的布线相比较，有着许多优越性，是传统布线所无法企及的。其特点主要表现为兼容性、开放性、灵活性、可靠性、先进性和经济性。而且在设计、施工和维护方面也给人们带来了许多方便。

- 兼容性：综合布线的首要特点是它的兼容性。所谓兼容性是指它自身是完全独立的，而与应用系统相对无关，可以适用于多种应用系统。综合布线将语音、数据与监控设备的信号线经过统一规划和设计，采用相同的传输介质、信息插座、交连设备、适配器等，把这些不同信号综合到一套标准的布线中。由此可见，这个布线比传统布线大为简化，节省大量的物资、时间和空间。
- 开放性：该系统采用开放式体系结构，符合多种国际上现行的标准，几乎对所有著名厂商的产品都是开放的，并支持所有通信协议。
- 灵活性：该系统采用标准的传输线缆和相关连接硬件，模块化设计，所有通道都是通用的，而且每条通道可支持终端、以太网工作站及令牌网工作站。所有设备的开通及更改均不需改变布线线路，组网也可灵活多变。
- 可靠性：该系统采用高品质的材料和组合压接的方式构成一套高标准的信息传输通道，所有线缆和相关连接件均通过 ISO 认证，每条通道都要采用专用仪器测试链路阻抗及衰减率，以保证其电气性能。应用系统全部采用点到点端接，任何一条链路故障均不影响其他链路的运行，从而保证了整个系统的可靠运行。
- 先进性：该系统采用光纤和双绞线混合布线方式，极为合理地构成一套完整的布线。

所有布线均采用世界上最新通信标准，链路均按 8 芯双绞线配置。五类双绞线的数据最大传输速率可达到 155Mbps，对于特殊用户的需求可把光纤引到桌面。干线语音部分采用电缆，数据部分采用光缆，为同时传输多路实时多媒体信息提供足够的容量。
- 经济性：虽然综合布线初期投资比较高，但由于综合布线将原来相互独立、互不兼容的若干种布线集中成为一套完整的布线体系，统一设计，统一施工，统一管理。这样可省去大量的重复劳动和设备占用，使布线周期大大缩短。另外，综合布线系统使用简单、方便，维护费用低，可以满足三维多媒体的传输和用户对 ISDN、ATM 的需求。可见综合布线系统具有很高的性能价格比。

2. 设计依据

满足下列标准：
- ISO11801　　　　　　　　　　国际建筑通用布线标准
- ANSI/TIA/EIA 568A　　　　　北美商用建筑电信布线标准
- ANSI/EIA/TIA—569　　　　　北美电信走道和空间的商用建筑标准
- ANSI/EIA/TIA—606　　　　　北美商用建筑物电信设备的管理标准
- ANSI/EIA/TIA TSB—75　　　北美商用建筑物电信设备的管理标准
- IEEE 100 BASE—T　　　　　100M 以太网
- CCITT ISDN　　　　　　　　综合业务数据网络标准
- IEEE 802.3 10BASE—T　　　光纤分布数据接口（FDDI）标准
- IEEE 802.5 TOKEN RING　　网络标准
- ANSI FDDI 110Mbps　　　　北美光纤数据接口高速局域网标准
- ATM 155Mbps/622.5Mbps　　异步传输模式标准
- RS232、X.21、RS422　　　　异步、同步传输标准

3. 安装与设计规范
- 中国民用建筑电气设计规范（JGJ/T16—92）
- 智能建筑设计标准（EBD-03—95）
- 工业企业通信设计规范（CECS 09:89）
- 建筑与建筑群综合布线系统工程设计规范（CECS 72:97）
- 建筑与建筑群综合布线系统工程施工及验收规范（CECS 72:97）
- 电气装置安装工程施工及验收规范（GBJ 232—82）

5.4.2 方案设计

根据大楼的项目要求及上述有关标准，方案为一个较典型的星形拓扑结构系统（见图 5.9），现将设计方案概述如下。

根据用户要求，大楼主设备间设于大楼一层综合布线机房，从主设备间引线缆经桥架和竖井直接引至工作区。水平布线电缆均采用超五类 4 对 UTP 电缆，信息插座选用五类系列插座。方案分为 5 大子系统，分别为工作区子系统、水平子系统、干线子系统、设备间子系统及管理间子系统，为二级星形拓扑结构。

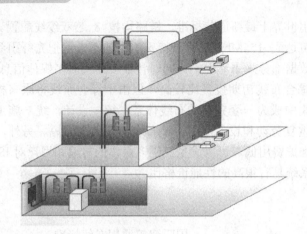

图 5.9 一个较典型的星形拓扑结构系统

1. 工作区子系统

工作区子系统是指信息端口以外的空间，但通常习惯将电信插座列入工作区子系统，由信息输出口及其到终端设备的连接线和各种转换头组成，连接使用标准的 24AWG 非屏蔽双绞线，实现 RJ-45 插座与各种类型、各种厂商设备的连接，包括计算机、网络集线器、交换机、路由器、电话机、传真机。选用不同的适配器，可以连接监控器等设备。大致材料配置表如表 5.2 所示。

本系统设置 1 127 个双口信息点。普天信息插座是普天专利产品之一。

表 5.2 工作区材料配置表

序　号	型　号	名　称	数　量
1	PT/FA3—08ⅧB	RJ-45 双位插座面板	**
2	PT/5.566.019	RJ-45 插座模块	**
3	JPX211C	125 回线配线箱	**
4	PT/8.037.070	125 回线背装架	**
5	PT/FT2—55	25 回线高频接线模块	**

（1）单人办公室设计。

我们以销售部经理室为例，该办公室只有 1 人办公。销售部经理向上对总经理负责，向下管理公司遍布全国各地的办事处和代理商。销售部不仅业务量大，管理范围覆盖全国，数据和语音需求非常重要，而且这些需求也很频繁和持续，需要经常召开网络会议和电话会议，同时销售部经理也是公司的关键岗位，在信息点设计时特别关注。

经理室应分配 2 个数据信息点和 2 个语音信息点，因此对销售部经理室设计 2 个双口信息插座，每个插座安装 1 个 RJ-45 数据口，1 个 RJ-11 语音口。如图 5.10 所示，销售部经理室办公桌靠墙摆放，我们就把 1 个双口信息插座设计在办公桌旁边的墙面，距离窗户墙面 3.0m，距离地面高度 0.3m，用网络跳线与计算机连接，用语音跳线与电话机连接。另一个双口信息插座设计在沙发旁边的墙面，距离门口墙面 1.0m，方便在办公室召开小型会议时就近使用计算机，也可以坐在沙发上召开电话会议。

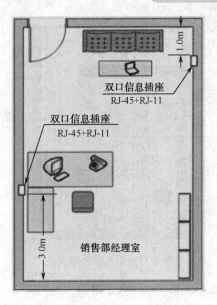

图 5.10 单人办公室设计

由此确定工作区材料规格和数量,如表 5.3 所示。

表 5.3 单人办公室材料规格和数量

序号	材料名称	型号/规格	数量	单位	厂家/品牌	使用说明
1	信息插座底盒	86 系列,金属,镀锌	2	个	普天	土建施工,墙内安装
2	信息插座面板	86 系列,双口白色塑料	2	个	普天	弱电施工安装
3	信息插座模块	网络模块,RJ-45,非屏蔽,六类	2	个	普天	弱电施工安装 1 个/面板
4	信息插座模块	语音模块,RJ-11	2	个	普天	弱电施工安装 1 个/面板

(2) 多人办公室设计。

我们以财务部办公室为例。该部门有 4 人办公,2 名会计,2 名出纳。公司的财务管理系统主要有会计核算、应收账款、应付账款等。现在一般公司都使用网络版财务管理系统软件,财务收支也经常使用网络银行,因此财务部对数据和语音需求非常重要。鉴于安全和保密需要,财务部办公室的布局与其他部门不同,往往要在门口设置 1 个柜台,把外来人员与财务人员隔离,隔台进行业务作业,同时财务部也是公司关键部门,在信息点设计时要特别关注。

每个工位配置 1 个数据点和 1 个语音点的基本要求,财务部 4 个工位,设计 4 个双口信息插座,每个插座安装 1 个 RJ-45 数据口,1 个 RJ-11 语音口。

财务部 2 个出纳工位靠近门口,并且组成一个柜台,2 个会计工位靠里边墙面布置。因此我们把 2 个出纳工位的信息插座设计在右边墙面,设计 2 个双口信息插座,距离门口墙面 3.0m,用网络跳线与电脑连接,用语音跳线与电话机连接。把 2 个会计工位的信息插座设计在里边墙面,设计 2 个双口信息插座,距离左边隔墙分别为 1.5m 和 3.0m,全部信息插座距离地面高度 0.3m。如图 5.11 所示为多人办公室设计。

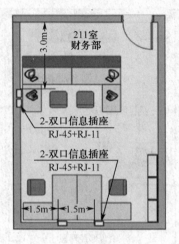

图 5.11 多人办公室设计

由此确定工作区材料规格和数量,如表 5.4 所示。

表 5.4 多人办公室材料规格和数量

序号	材料名称	型号/规格	数量	单位	厂家/品牌	使用说明
1	信息插座底盒	86系列,金属,镀锌	4	个	普天	土建施工,墙内安装
2	信息插座面板	86 系列,双口白色塑料	4	个	普天	弱电施工安装
3	信息插座模块	网络模块,RJ-45,非屏蔽,六类	4	个	普天	弱电施工安装 1 个/面板
4	信息插座模块	语音模块,RJ-11	4	个	普天	弱电施工安装 1 个/面板

(3)集体办公室设计。

销售部办公室共可容纳 32 人同时办公,因此按照集体办公室设计信息点。销售部主要由遍布全国各地的办事处和代理商组成。同时与商务部进行配合完成整个销售流程。结合企业网络应用图可知,销售管理系统由商务系统、销售系统和市场推广这 3 部分组成。主要工作有产品销售、合同签订、方案制作等,对数据和语音有很大需求。因此,销售部的数据信息点和语音信息点设计尤为重要。

每个工位配置 1 个数据点和 1 个语音点的基本要求,销售部办公室 32 个工位,设计 32 个双口信息插座,每个插座安装 1 个 RJ-45 数据口,1 个 RJ-11 语音口。同时在两侧墙面分别多设计 1 个插座,用于传真机或预留插座。因此,销售部办公室共有 68 个信息点,其中数据信息点 34 个,语音信息点 34 个。

销售部办公室共设 32 个工位,其中 14 个工位靠墙放置,18 个工位没有靠墙放置。对于靠墙的工位,我们设计 1 个双口插座在办公桌旁边的墙面,距离地面 0.3m,用网络跳线与电脑连接,用语音跳线与电话机连接。对于没有靠墙的工位,我们设计为地弹插座,安装在对应办公桌下的地面上。多设计的两个插座分别安装在左右两侧墙面靠近门口的一端。如图 5.12 所示为集体办公室设计。

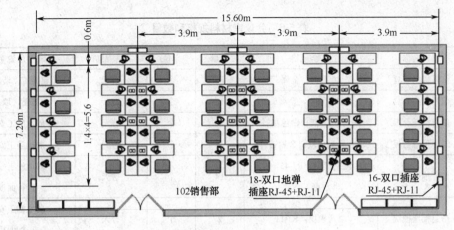

图 5.12 集体办公室设计

由此确定工作区材料规格和数量,如表 5.5 所示。

表 5.5 集体办公室材料规格和数量

序号	材料名称	型号/规格	数量	单位	厂家/品牌	使用说明
1	信息插座底盒	86 系列,金属	16	个	普天	土建施工,墙内安装
2	信息插座底盒	120 系列,金属	18	个	普天	土建施工,墙内安装
3	信息插座面板	86 系列,双口白色塑料	16	个	普天	弱电施工安装
4	地弹信息面板	120 系列,双口金属镀锌	18	个	普天	弱电施工安装
5	信息插座模块	网络模块,RJ-45,非屏蔽,六类	34	个	普天	弱电施工安装 1 个/面板
6	信息插座模块	语音模块,RJ-11	34	个	普天	弱电施工安装 1 个/面板

(4)会议室设计。

销售部会议室为圆桌形布置,按照最多 12 人开会设计。销售部会议室为销售部召开会议的场所。销售部需要管理全国各地的分公司、办事处及代理商,经常需要召开网络会议和电话会议,同时也需要接待来访客户或者召开部门内部会议,经常使用笔记本电脑、投影机等设备,这个会议室使用最频繁,需要在销售部会议室设置较多的信息点,满足与会人员的需要。

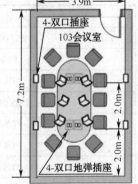

该会议室最多为 12 人,根据对称原则,在销售部会议室设计 8 个双口信息插座,其中 14 个网络数据插口,2 个电话语音插口。

在两边墙面分别安装 2 个双口插座,全部安装 8 个 RJ-45 网络模块。会议桌下的地面安装 4 个双口插座,安装 6 个 RJ-45 网络模块和 2 个语音模块。与会电脑小于 6 台时,使用会议桌下面的地弹插座;与会电脑多于 6 台时,使用两边墙面的插座。如图 5.13 所示为会议室设计。

图 5.13 会议室设计

由此确定工作区材料规格和数量,如表 5.6 所示。

表 5.6 会议室材料规格和数量

序号	材料名称	型号/规格	数量	单位	厂家/品牌	使用说明
1	信息插座底盒	86 系列，金属	16	个	普天	土建施工，墙内安装
2	信息插座底盒	120 系列，金属	18	个	普天	土建施工，墙内安装
3	信息插座面板	86 系列，双口白色塑料	16	个	普天	弱电施工安装
4	地弹信息面板	120 系列，双口金属镀锌	18	个	普天	弱电施工安装
5	信息插座模块	网络模块，RJ-45，非屏蔽，六类	14	个	普天	弱电施工安装 1 个/面板
6	信息插座模块	语音模块，RJ-11	2	个	普天	弱电施工安装 1 个/面板

2. 水平布线子系统

实现信息插座和管理子系统间的连接，该子系统统一采用超五类 24AWG8 芯双绞线，标准长度 90m，常用的超五类线缆，传输速率 100Mbps。"光纤到桌面"（FTD）应用于特殊设置或专线，高带宽的图形信号的传输要求。

水平布线子系统为配线间水平配线架至各个办公室门口的分配线箱的连接线缆。本数据点采用超五类 4 对 UTP、语音点采用五类 4 对 UTP。

3. 管理区子系统

管理子系统是连接垂直干线子系统和水平干线子系统的设备，主要设备是铜缆配线架，光纤配线架。利用配线架上的跳线管理方式，可以使布线系统具有灵活、可调整的能力。当布置要求出现变化时，仅仅将相关跳线进行改动即可，管理子系统应该具有足够的空间放置配线架和网络设备。使用标准插接式模块或跳线式模块实现配线管理，各种逻辑拓扑结构可在此进行调整。其设计很完善，完全标准化，便于安装管理。

由于各个楼层的信息点数比较多，故在每层楼都要设有管理区子系统。管理区子系统是由配线架、跳线及相关的有源设备（Hub、服务器及交换机等）组成的。具体的配料表如表 5.7 所示。

表 5.7 管理区子系统材料配置表

序 号	型 号	名 称	数 量
1	PT/XG.30U.60	19in 配线柜（30U）	**
2	PT/FT2-55	25 回线高频接线模块	**
3	PT/8.037.061	250 回线背装架	**
4	PT/8.037.100HX	100 回线背装架	**
5	PT/FA3-08VI	24 口 Patch-Panel	**
6	PT/4.431.000	管理线盘	**
7	PT/8.840.072	标志块	**
8	PT/UTP.C3.025	三类 25 对 UTP 电缆	**
9	PT/FB.SN.004	4 芯室内多模光纤	**
10	PT/TX.ST1.02	ST-ST 光纤单芯多模跳线	**
11	PT/TX.STC1.02	ST-SC 光纤单芯多模跳线	**

续表

序 号	型 号	名 称	数 量
12	PT/GP11A	12口光纤分线盒	**
13	PT/FL.ST.01	ST法兰盘适配器	**

4. 干线子系统

干线子系统是提供干线电缆的路由。其主要由光缆或铜缆组成，并提供楼层之间及与外界通信的通道。

5. 设备间子系统

设备间子系统主要是由计算机中心机房、网络集线器、交换机、路由器、服务器、程控交换机楼宇控制设备和保安控制中心内的各种设备与配线设备之间、设备与设备之间的连接组成的。邮电部门的光缆和线缆进入大楼后连接到总配线架上。

设备间子系统是由总配线架、跳线及相关有源设备（Hub、服务器及交换机等）等组成的。设备间子系统是一空间概念，总配线架收集来自各水平子系统的线缆，并与相关有源设备通过跳线或对接实现系统的联网。

本项目主设备间设在一层中心机房内，其布线设备主要为系统配线架和相关跳线等。按大楼结构化布线系统实施要求，我们将选用和配置普天相应产品。具体设备配置如表5.8所示。

表5.8 设备间设备配置表

序 号	型 号	名 称	数 量
1	PT/XG.40U.60	19in 配线柜（40U）	**
2	PT/FA3-08	16口 Patch-Panel	**
3	PT/FT2-55	25回线高频接线模块	**
4	PT/8.037.061	250回线背装架	**
5	PT/4.431.000	管理线盘	**
6	PT/8.840.072	标志块	**
7	PT/TX.ST1.02	ST-ST 光纤单芯多模跳线	**
8	PT/TX.STC1.02	ST-SC 光纤单芯多模跳线	**
9	PT/GP11A	12口光纤分线盒	**
10	PT/FL.ST.01	ST法兰盘适配器	**

6. 建筑群子系统

实现建筑物之间的相互连接，常用的通信介质是光缆和大对数铜缆。如同星形拓扑结构方式中的每一支连线，每一子系统为一独立的单元组，更改任意子系统时，也不会影响到其他子系统。在垂直干线子系统中，可以使用双绞线或更大带宽的光缆。而在 PDS 上，其他子系统并不因为垂直干线的变动而有所变动，即相同的水平干线，管理区上相同的跳线，相同的插座，相同的接线。

PDS 各子系统的分布情况如图 5.14 所示。

7. 其他产品说明

本项目施工工具包括以下几个。

打线工具：主要用于主干线缆与配线架和压线模块的压接，也为最基本工具之一。

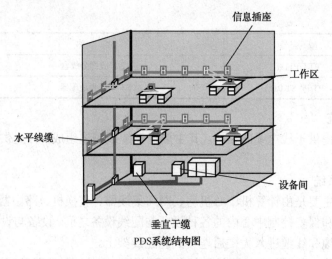

图 5.14　PDS 各子系统的分布情况

安装消耗品：施工辅材，包括扎带，胶带，油笔，等等。

检测工具：美国 FLUKE 手持式工程仪表，可迅速方便地测试 1～4 对线缆的开路、短路、反接、错接、线对交错等情况，以及 ISO11801 提出的各种参数。

5.5　任务 3——企业大厦综合布线施工测试

5.5.1　布线系统设计说明

大楼综合布线系统涉及计算机网络和通信系统。综合布线系统有利于多种网络拓扑结构的应用，实行结构化综合布线方式，以达到高度智能化及节省投资的目的。

1. 工作区子系统

工作区子系统由各办公区组成，根据各自不同的功能，由单孔和双孔信息插座构成，插座里采用的是拆装灵活的模块。通过插座既可以引出电话线，也可以连接数据终端及其他弱电设备。

信息插座和电源可安装在墙上、柱子上，部分可安装于地板上。安装于墙、柱上的插座的底边和地板的距离为 30cm。安装于地板上的信息插座需防水、防尘，且可升降，使其在有无地毯的地板上，都能水平。

对于办公室而言，信息点可安装于办公桌靠墙墙面上。办公区亦可根据每个办公室的实际使用情况配置。

2. 水平子系统

水平线缆将干线线缆延伸到用户工作区。采用的是五类 4 对非屏蔽双绞线。这种线缆能在 100m 范围内保证 155Mbps、622.5Mbps 及千兆以太网的传输速率，能够满足各种带宽信号的传输。

3. 设备间子系统

设备间子系统（主配线间）由设备间中的电缆、连接器和相关支撑硬件组成，它把公共系统设备的各种不同设备互联起来。该子系统将中继线交叉处和布线交叉处与公共系统设备（如 PBX）连接起来。

根据陕西国际商会大厦教学楼的实际情况，主配线室设在多功能中心机房内。在大楼中使用一个竖直桥架，以方便缆线的管理。而且在竖直桥架上每隔 2m 焊一根长宽与桥架宽度相等的精钢筋，直径大约为 1.5cm，以固定和支撑垂直上下的缆线，并使安装好后的缆线美观些。

    4. 建筑群子系统

根据陕西国际商会大厦实际情况，楼内计算机网络与外界的网络，如政府机关、银行、各公司之间等的互联，可以通过公共数字业务网或远程 LAN 等相连。部分需引至楼外的电话电缆及市话局引入的中继线，电缆的连接通过主配线架进行交接。

5.5.2 PDS 管线方案

（1）水平线子系统的布线方案。

水平线子系统完成由接线间到工作区信息出口线路连接的功能。有两种走线方式。

① 墙上型信息出口。

采用走吊顶的轻型装配式槽形电缆桥架的方案。这种方式适用于大型建筑物，为水平线系统提供机械保护和支持。装配槽形电缆桥架是一种闭合式的金属托架，安装在吊顶内，从弱电井引向各种设有信息点的房间。再由预埋在墙内的不同规格的铁管，将线路引到墙上的暗装铁盒内。

PDS 系统的布线是放射型的，线缆数量较大，所以线槽容量的计算很重要。按照标准的线槽设计方法，应根据水平线的外径来确定线槽的容量，即线槽的横截面积=水平线截面积之和×3。

线槽的材料为冷轧合金板，表面可进行相应处理，如镀锌、喷塑、烤漆等。线槽可以根据情况选用不同的规格。为保证线缆的转弯半径，线槽须配以相应规格的分支辅件，以提供线路路由的弯转自如。

同时为确保线路的安全，应使槽体有良好的接地端。金属线槽、金属软管、电缆桥架及各分配线箱均需整体连接，然后接地。如果不能确定信息出口的准确位置，拉线时可先将线缆盘在吊顶内的出线口，待具体位置确定后，再引到各信息出口。

② 地面型信息出口。

采用地面线槽走线方式。这种方式适用于大开间的办公室，有大量地面型信息出口的情况建议先在地面垫层中预埋金属线槽。主线槽从弱电井引出，沿走廊引向各方向，到达设有信息点的各房间，再用支线槽引向房间内的各信息点出线口。强电线路可以与弱电线路平行配置，但需分隔于不同的线槽中。这样可以向每一个用户提供一个包括数据、语音、不间断电源、照明电源出口的集成面板。真正地做到在一个清洁的环境下，实现办公室自动化。由于地面垫层中可能会有消防等其他系统的线路，所以必须由建筑设计单位，根据 PDS 管线设计人员提出的要求，综合各系统的实际情况，完成地面线槽路由部分的设计。线槽容量的计算也应根据水平线的外径来确定，即线槽的横截面积=水平线截面积之和×3。地面线槽也需整体连接，然后接地。

（2）垂直干线子系统的走线设计。

垂直干线子系统，是由一连串通过地板通孔垂直对准的接线间组成的。用于 PDS 系统的典型接线间，其可以进入的最小安全尺寸是 200cm×150cm，标准的天花板高度为 2.4m，门的大小至少为高 2.1m、宽 1m，向外开。

垂直干线的走线设计分为两部分。

① 干线的垂直部分。

垂直部分的作用是提供弱电井内垂直干缆的通道。这部分采用预留电缆井方式，在每层楼的弱电井中留出专为 PDS 大对数电缆通过的长方形地面孔。电缆井的位置设在靠近支持电缆的墙壁附近，但又不妨碍端接配线架的地方。在预留有电缆井一侧的墙面上，还应安装电缆爬架。爬架的横档上开一排小孔，用紧绳将大对数电缆绑在上面，用于固定和承重。如附近有电梯等大型电磁干扰源，则应使用封闭的金属线槽为垂直干缆提供屏蔽保护。预留的电缆井的大小，按标准的算法，至少是要通过的电缆的外径之和的 3 倍。此外，还必须保留一定的空间余量，以确保在今后系统扩充时不致需要安装新管线。

② 干线的水平通道部分。

水平通道部分的作用是，提供垂直干线从主设备间到其所在楼层的弱电井的通路。这部分也应采用走吊顶的轻型装配式槽形电缆桥架的方案。所用的线槽由金属材料构成，用来安放和引导电缆，可以对电缆起到机械保护的作用，同时还提供了一个防火、密封、坚固的空间，使线缆可以安全地延伸到目的地。其选材算法与水平子系统设计部分的线槽算法一致。

与垂直部分一样，水平通道部分也必须保留一定的空间余量，以确保在今后系统扩充时不致需要安装新的管线。

(3) 设备电源管线方案。

接线间的 AC 电源需求与接线间内安装的设备数量有关。

首先，在配线间内应至少留有两个为本系统专用的、符合一般办公室照明要求的 220V 电压，电流 10A 单相三极电源插座。根据接线间内放置设备的供电需求，还需配有另外的 4 个 AC 双排插座的 20A 专用线路。此线路不应与其他大型设备并联，并且最好先连接到 UPS，以确保对设备的供电及电源的质量。

5.5.3 施工组织计划

1. 施工组织

(1) 施工准备阶段。

施工准备阶段包括施工图编制与审核；施工预算；编制施工组织设计及施工方案的编写；设备/材料的采购与定做；工程施工工具与设施的准备，以及施工队伍的组织准备等。

(2) 施工阶段。

施工阶段包括配合土建和装修施工，预埋管线管路；固定与土建施工有关的支持固定件；固定配线箱及配电柜等；随土建工程的进度逐步进行各子系统设备安装与线路敷设；各子系统检验测试等。

(3) 竣工验收阶段。

竣工验收阶段包括系统调试及投入正常运行；完成全部测试报告及竣工文件；汇集建设单位、施工单位及质量监督部门审查；现场验收；针对有行业管理的转项系统完成行业主管部门的验收。

总之，无论工程大小，系统难易，都必须在施工中有条不紊，按一定顺序衔接进行；同时，在积累经验、掌握技艺的基础上，还必须遵循一定的工程程序，包括图纸会审、技术交底、工程变更、施工预算、施工配合、竣工验收等，才能有效地提高功效，确保工程质量。

2. 施工质量、安装及降低成本的措施

(1) 施工质量保证的基本措施。

为了确保系统工程施工的质量，使工程达到设计要求，必须加强工程施工技术管理工作。

每一项工程从施工准备阶段开始,到工程施工与组织管理及竣工验收阶段都必须按照一定的程序和要求。由有关的技术人员和管理人员,以文字、图表等形式,记录影响工程质量的有关规定,要求所有文件材料的形成与积累必须做到及时、准确、系统与科学。

- 及时。就是在施工过程中,对各种要求的数据、现象及时进行记录,做到分阶段,按专业积累、整理,编制好施工文件材料。竣工验收时及时做好工程文件材料的整理、归档及向建设单位的移交工作。
- 准确。即要求施工过程中形成的技术文件材料应如实地反映工程施工的客观情况,严格按施工图和现行材料质量标准、质量检验标准、施工及验收规范施工,做到变更有手续、有根据,施工各单位有记录。严禁出现擅自修改、伪造和事后补做等情况。
- 系统。即按照施工程序,对形成的技术文件材料进行系统的整理,系统地反映施工的全过程。
- 科学。就是以科学的态度来对待施工中的每一个数据,应做到施工有依据,检查有结论,现场有记录,测试验收有报告,修改图纸有手续,工程竣工有总结。

(2)安全施工管理措施。

在弱电系统工程实施中,安全是我们要遵循的首要原则。安全包括人身安全和设备的安全,为此,在施工过程中必须采取相应的安全管理措施,以消除一切事故隐患,避免事故伤害,确保系统安装和运行安全。

- 建立、完善以项目经理为首的安全生产领导组织,有组织、有领导地开展安全管理活动。
- 建立各级人员安全责任制度,明确人员的安全责任,定期检查安全责任落实制度,奖罚分明。
- 施工人员严格遵守各项安全操作规程,严格按照施工图、施工规范施工。
- 对施工人员进行安全教育与训练,增强安全意识,提高安全施工知识,防止人为的不安全行为,减少人为的失误。

(3)节约措施。

布线系统除具有众多优越性外,其突出的优势在于系统综合设计后达到节省人力、物力、财力的目标,而在施工中采取有效的节约措施,则将系统的完善设计得以充分体现。

- 工程实施中采取设备用料核算,做好施工准备,以利于安装过程中材料充分有限地使用。
- 协调管理各工序的工程,实施各子系统工程严格服从工程现场总指挥的管理,避免因工序交叉造成的二次装修带来的损失。
- 严格按施工规范安装操作,注意保护其他专业产品,尽量不损坏建筑物表面及已安装设备,确保楼宇自控设备整体的协调、对称和美观。
- 施工中,在满足设计要求的前提下,保证系统安全可靠运行的基础上,推广使用新科技、新机具和新工艺,提高安装质量,提高效率,以达到再创新的升值效果。
- 严格按施工管理程序完成施工中及竣工资料、文件的收集、整理,减少管理费用的支付,为今后系统维护维修创造条件。
- 在施工过程中遇到施工图纸与实际现场不符或存在不完善的地方,工程指挥部将配合现场情况,以最快的速度、最短的时间将问题呈报给建设方和设计师,把图纸尽快完善,使施工顺利进行。

5.5.4 系统的调测及验收

综合布线在计算机网络中最基础也是最重要的组成部分,它是连接每个服务器和工作站的纽带,起着信息通路的关键作用,作为传输高速数据的物理链路,链路产生的故障严重时会导致整个网络系统的瘫痪。因此,综合布线工程竣工后,为保证系统符合设计要求,确保信息畅通和高速传递,对系统的调测是布线工程最主要的一环,必须采用专用测试仪器对系统的各条链路进行检测,以便于评定综合布线系统的信号传输质量及工程质量。用于检测铜缆的设备必须选择符合 TSB-67 标准的 II 精度专业级线缆认证测试仪(包括信道及基本链路的测试),仪器应具备线缆故障定位、故障分析及自动储存测试结果并可客观地将其打印输出的功能。

1. 调试阶段

(1) 供应商在全部安装工程完成后,应按照业主及厂商的要求,负责系统的开通调试。
(2) 调试好的系统必须达到业主所要求的使用功能。
(3) 如调试中出现问题,必须排除故障反复试验,务必使系统完善。
(4) 安装人员可随装随测,以及时发现问题并改正。

2. 验收阶段

(1) 当供应商认为系统调试好达到使用要求时,需同工程师及业主进行系统验收。
(2) 系统验收所需进行的检验测试项目及每项试验的具体方法和要求,应提前送交工地工程指挥部审批,工程部同意后方可进行。
(3) 系统验收过程中某些部分出现问题,要在纠正错误后再重做试验。重新试验时,至少有三次以上同一试验没有出现问题,工程师满意后才算通过。
(4) 供应商应提供检验和测试的工具的仪表。
(5) 检验测试时,必须要有详细的技术记录。测试结束后,供应商需将整理好的测试送交工程师。
(6) 经测试后的系统需经过一段时间的试运行,试运行期间,系统由供应商及业主工作人员共同管理。
(7) 系统试运行之前,供应商应提供培训课程,确保业主的工作人员熟悉设计资料和图纸文件,掌握系统装置、设备各方面的情况,例如,系统的设计,设备日常运行的操作和监视,故障排除,损坏设备的更换、维修及系统设备的例行维修保养等。
(8) 试运行期间,供应商应指导以协助业主工作人员完成工作记录,若有问题出现,应及时处理及记录在案。
(9) 试运行结束后,供应商应将整套完整的竣工图纸连同整个系统交付业主。交付之前必须经工程师审阅,认为符合要求时方可正式交付业主。

3. 综合布线系统检测模型

综合布线系统有基本链路及信道两种检测模型,现场认证检测可根据实际需要选择相应的检测模型。对于综合布线系统自身的检测,可选用基本链路形式,对于综合布线系统应用的检测,可选用信道形式。

4. 测试内容及特性参数

系统的特性参数主要分为两大类:第一类是电缆、接插件的物理特性,例如,导体的金属材料强度、柔韧性、防水性和温度特性,电缆的物理特性在出厂时已经确定,对于使用者在购买进行选择时不能采用一般的方法进行测试；第二类是系统的电气特性，这些特性对于用户而言是最主要的，所以用户应该了解这些特性参数。

系统测试主要指工程电气性能和光纤特性，包括连接图、线缆敷设长度、衰减、近端串扰、反射（光纤）等。

（1）接线图。

接线图有两种不同的接线标准，一为 T568A，一为 T568B。本布线方案采用的是 T568A，线缆必须正确端接于信息端口，不允许有任何形式的错接。从水平配线区至信息端口之间的双绞线必须保证连通，线对间不能短路。

（2）链路长度。

根据 TIA-568 标准，布线系统基本链路的最大长度为 90m，通道的最大长度为 100m。链路的长度可以用电子长度测量来估算，电子长度测量是基于链路的传输延时和电缆的 NVP 值（Nominal Velocity of Propagation：表示电信号在电缆中的传输速度与光在真空中的传输速度的比值），当我们测量一个信号在链路中一来一回的时间，又知道电缆的 NVP 值时，就可以计算出链路的电子长度。

（3）近端串扰。

近端串扰指电缆在同一侧的接收端收到发送端发送的信号，即链路中通常一对线用来发送信号而另一对线用来接收信号。在理想情况下，发送对和接收对应有良好的隔离，即在接收到来自发送端的信号，但是电缆是紧挨在一起的，因此这些线对之间肯定会有信号的耦合，显然这种耦合信号越小越好，或被衰减得越多越好。NEXT 是众多指标中最为主要的一项，特别对高速局域网来说，其影响是非常大的。布线施工不规范、安装错误、连接不当都会引起严重的 NEXT。

本系统超五类线缆所用测试标准为 TIA/EIA—568—A 五类国际标准，通道指标如表 5.9（另附超五类通道指标）所示。

表 5.9 五类和超五类标准中不同频率时 NEXT（通道）

频率 MHz	五类	五类+
1.00	54	63.3
4.00	45	53.6
10.00	39	47.0
16.00	36	43.6
20.00	35	42.0
31.25	32	40.4
62.50	27	38.7
100.00	24	33.6

（4）特性阻抗。

特性阻抗是交变电信号通过电缆时所表现出来的障碍性反应，电缆的特性阻抗应该是一个特定的常数，但若由于施工、安装时连接不当或电缆的损坏（例如，电缆的急剧弯曲和扭结、捆绑过紧）都可能引起阻抗的不连续与不一致，称为阻抗异常，它会造成信号的反射，引起网络电缆中信号的畸变，并引起网络出错。

（5）衰减。

线路信号衰减的大小，直接影响着传输的性能，其不但与长度有着直接关系，也与阻抗有关。根据标准，本布线系统的信道系统衰减量和基本链路衰减量在传输频率为 100MHz 时应分别为 24dB 和 21.60dB。前者总长度为 100m 以内，后者为 94m 以内。其数据如表 5.10～表 5.12 所示。

表 5.10　衰减参数表

频率 MHz	五类	五类+
1.00	2.5	2.2
4.00	4.8	4.5
10.00	7.5	7.1
16.00	9.4	9.1
20.00	10.5	10.2
31.25	13.1	11.5
62.50	18.4	12.9
100.00	23.2	18.6

表 5.11　传输时延参数表

参数	五类	五类+
Prop Delay	<1μs	548ns

表 5.12　回波损耗参数表

参数	五类	五类+
100MHz	10dB	
250MHz		10dB

（6）其他参数。
- Power.Sum.NEXT 综合近端串音（见表 5.13）。
- Power.Sum.ELFEXT 综合等效远端串音（见表 5.14）。
- ACR 串音衰减比=NEXT-Attenuation（见表 5.15）。
- Power.Sum.ACR（见表 5.16）。

表 5.13　Power.Sum.NEXT 综合近端串音

频率 MHz	五类	五类+
1.00	54	70.3
4.00	45	60.6
10.00	39	44.0
16.00	36	40.6
20.00	35	39.0
31.25	32	37.4
62.50	27	35.7
100.00	24	30.6

表 5.14　Power.Sum.ELFEXT 综合等效远端串音

频率 MHz	五类	五类+
1.00		55.5
4.00		43.5
10.00		35.5
16.00		31.5
20.00		29.5
31.25		27.6
62.50		25.6
100.00		19.6

表 5.15　ACR 串音衰减比=NEXT-Attenuation

频率 MHz	五类	五类+
1.00		61.1
4.00		49.1
10.00		39.9
16.00		34.5
20.00		31.8
31.25		28.9
62.50		25.8
100.00		15.0

表 5.16　Power.Sum.ACR

频率 MHz	五类	五类+
1.00		58.1
4.00		46.1
10.00		36.9
16.00		31.5
20.00		28.8
31.25		25.9
62.50		22.8
100.00		12.0

项目小结

　　智能大厦是信息时代的必然产物，是计算机网络系统应用的主要方向。商务酒店、写字楼、办公大楼等实施综合布线的高层建筑，都属于智能大厦的范畴。网络布线系统是大厦所有信息的传输系统，利用双绞线或光缆来完成各类信息的传输，区别于传统的楼宇信息系统的是，它采用模块化设计，统一标准实施，以满足智能化建筑高效、可靠、灵活性等要求。

通过本项目的学习，读者应了解布线项目招投标过程，学会编写招投标文件，学会网络拓扑图的绘制方法，掌握大楼综合布线方案设计，掌握综合布线 6 个子系统的设计与实施方法、布线测试与验收方法。

附：大厦综合布线工程文件目录

序号	文件标题名称	页数	备注
1	综合布线系统图	1	
2	综合布材料清单表	1	
3	综合布线系统施工图		
4	项目竣工总结报告	1	

1. 综合布线系统图

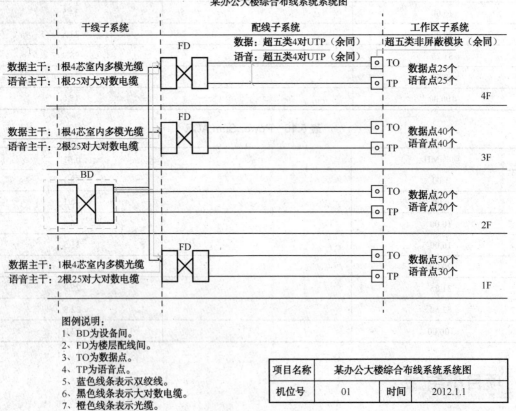

图例说明：
1、BD为设备间。
2、FD为楼层配线间。
3、TO为数据点。
4、TP为语音点。
5、蓝色线条表示双绞线。
6、黑色线条表示大对数电缆。
7、橙色线条表示光缆。

项目名称	某办公大楼综合布线系统系统图		
机位号	01	时间	2012.1.1

注：本项目共有信息点230个，其中数据点115个，语音点115个。

2. 综合布线材料清单表

序号	名称与规格	品牌	单位	数量	备注
1	25 对大对数	NORTEC	米	30～80	
2	4 芯多模室内光纤	NORTEC	米	30～80	
3	单口面板	NORTEC	个	230	
4	86 型明装底盒	NORTEC	个	230	
5	超五类非屏蔽 3m 跳线	NORTEC	条	115	
6	超五类模块	NORTEC	个	230	
7	超五类非屏蔽 1 米跳线	NORTEC	条	115	
8	110-RJ-45 跳线	NORTEC	条	115	
9	超五类非屏蔽双绞线	NORTEC	箱	30	305 米/箱
10	理线架	NORTEC	个	21	
11	耦合器（ST）	NORTEC	个	24	
12	1.5m 尾纤（ST）	NORTEC	条	24	
13	超五类非屏蔽 24 口配线架	NORTEC	个	12	
14	1m 光纤跳线（ST-SC）	NORTEC	对	6	
15	100 对 110 配线架	NORTEC	个	5	
16	标准 32U 机柜	NORTEC	台	3	
17	12 口光纤配线架（ST）	NORTEC	个	3	
18	24 口光纤配线架（ST）	NORTEC	个	1	
19	标准 42U 机柜	NORTEC	台	1	

3. 综合布线系统施工图

4. 项目竣工总结报告

项目名称表

序号	信息点编号	楼层机柜编号	配线架编号	配线架端口编号	房间编号	工作区编号
1	FD2-1-1-201-1	FD2	1	1	201	1
2	FD2-1-2-201-2	FD2	1	2	201	2
3	FD2-1-3-201-3	FD2	1	3	201	3
4	FD2-1-4-201-4	FD2	1	4	201	4
5	FD2-1-5.202-5	FD2	1	5	202	5

编制人：（只能签署参赛机位号）　　　　时间：

质量检测和故障诊断分析表

故障项目	故障现象
A6	4 芯开路
A8	1.2 芯交叉，3.6 芯交叉
A9	1.2 线对与 3.6 线对错对
A10	1.2 线对与 3.6 线对错对，4.5 线对与 7.8 线对错对
A11	3、6 芯短路
A13	3、6 芯交叉，4 芯开路
A15	7、8 芯短路
A17	4.5 线对与 7.8 线对错对，2 芯开路

实训 1　编写网络布线招投标文件

1. 任务描述
根据给定的综合布线项目招标公告编写招标书。

2. 能力目标
掌握招标书的撰写方法。

3. 方法与步骤
（1）熟悉招标公告。
（2）查阅资料。
（3）编写网络布线招标文件。
招标文件包含以下内容。
① 招标邀请函。
招标邀请函：招标机构编制，简要介绍招标单位名称、招标项目名称及内容、招标形式、售标、投标、开标时间和地点、承办联系人的姓名和联系方式等。开标时间除前面讲的给投标商留足准备标书传递书的时间外，国际招标应尽量避开国外休假和圣诞节，国内招标避开春节和其他节假日。
② 投标人须知。
投标人须知：本部分由招标机构编制，是招标的一项重要内容。着重说明本次招标的基本程序。投标者应遵循规定和承诺的义务。投标文件的基本内容、份数、形式、有效期和密封及

投标其他要求。评标的方法、原则、招标结果的处理、合同的授予及签订方式、投标保证金。

③ 招标项目的技术要求及附件。

标书技术要求及附件：是招标书最重要的内容。主要由使用单位提供资料，使用单位和招标机构共同编制。

④ 投标书格式。

投标书格式：此部分由招标公司编制，投标书格式是对投标文件的规范要求。其中包括投标方授权代表签署的投标函，说明投标的具体内容和总报价，并承诺遵守招标程序和各项责任、义务，确认在规定的投标有效期内，投标期限所具有的约束力。还包括技术方案内容的提纲和投标价目表格式。

⑤ 投标保证文件。

投标保证文件：是投标有效的必检文件。保证文件一般采用3种形式：支票、投标保证金和银行保函。项目金额少，可采用支票和投标保证金的方式，一般规定2%。投标保证金有效期要长于标书有效期，和履约保证金相衔接。投标保函由银行开具，是借助银行信誉投标。企业信誉和银行信誉是企业进入国际大市场的必要条件。投标方在投标有效期内放弃投标或拒签合同，招标公司有权没收保证金以弥补其在招标过程中蒙受的损失。

⑥ 合同条件（合同的一般条款及特殊条款）。

合同条件：这也是招标书的一项重要内容。此部分内容是双方经济关系的法律基础，因此对招投标方都很重要。国际招标应符合国际惯例，也要符合国内法律。由于项目的特殊要求需要提供出补充合同条款，如支付方式、售后服务、质量保证、主保险费用等特殊要求，在标书技术部分专门列出。但这些条款不应过于苛刻，更不允许（实际也做不到）将风险全部转嫁给中标方。

⑦ 技术标准、规范。

设计规范：有时有设备需要，如通信系统、输电设备，是确保设备质量的重要文件，应列入招标附件中。技术规范应对施工工艺、工程质量、检验标准作出较为详尽的保证，也是避免发生纠纷的前提。技术规范包括总纲、工程概况、分期工程对材料、设备和施工技术、质量要求，必要时写清各分及工程量计算规则等。

⑧ 投标企业资格文件。

投标企业资格文件：这部分要求由招标机构提出。要求提供企业生产该产品的许可证，及其他资格文件，如 ISO 9001、ISO 9002 证书等。另要求提供业绩。

实训 2　使用 Visio 绘制网络拓扑图、施工图

1. 任务描述

根据给定的草图使用 Visio 绘制网络拓扑图。

2. 能力目标

掌握网络拓扑图绘制能力。

3. 方法与步骤

（1）启动 Visio 软件。

（2）熟悉 Visio 软件界面操作。

（3）用 Visio 软件绘制网络拓扑结构图。

① 启动 Visio，选择 Network 目录下的 Basic Network（基本网络形状）样板，进入网络拓扑图样编辑状态。

② 在基本网络形状模板中选择服务器模块并拖放到绘图区域中创建它的图形实例。

③ 加入防火墙模块。选择防火墙模块，拖放到绘图区域中，适当调整其大小，创建它的图形实例。

④ 绘制线条。选择不同粗细的线条，在服务器模块和防火墙模块之间连线，并画出将与其余模块相连的线。

⑤ 双击图形后，图形进入文本编辑状态，输入文字。按照同样的方法分别给各个图形添加文字。

⑥ 使用 TextTool 工具划出文本框，为绘图页添加标题。

⑦ 改变图样的背景色。设计完成，保存图样，文件名为 Network1。

⑧ 依据步骤①～⑦，绘制一个网络拓扑结构图，保存图样，文件名为 Network2。

4. **网络拓扑图示例（见图 5.15）**

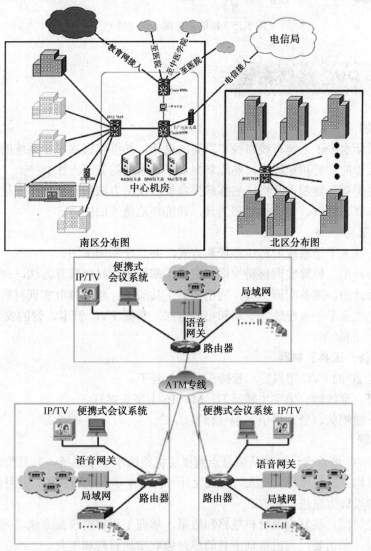

图 5.15 网络拓扑图示例

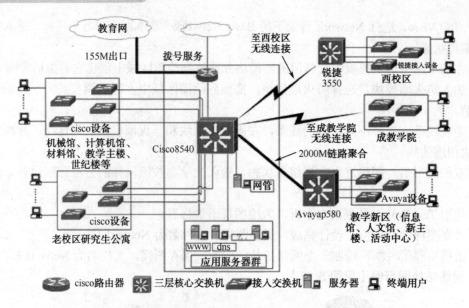

图 5.15 网络拓扑图示例（续）

实训 3　PVC 线管布线

1. 实训目的
（1）通过设计水平子系统布线路径和距离的设计，熟练掌握水平子系统的设计。
（2）通过线管的安装和穿线等，熟练掌握水平子系统的施工方法。
（3）通过使用弯管器制作弯头，熟练掌握弯管器使用方法和布线曲率半径要求。
（4）通过核算、列表、领取材料和工具，训练规范施工的能力。

2. 实训要求
（1）设计一种水平子系统的布线路径和方式，并且绘制施工图。
（2）按照设计图，核算实训材料规格和数量，掌握工程材料核算方法，列出材料清单。
（3）按照设计图，准备实训工具，列出实训工具清单，独立领取实训材料和工具。
（4）独立完成水平子系统线管安装和布线方法，掌握 PVC 管卡、管的安装方法和技巧，掌握 PVC 管弯头的制作。

3. 实训设备、工具、材料
（1）直径为 20 的 PVC 塑料管、管接头、管卡若干。
（2）弯管器、穿线器、十字头螺丝刀、M6×16 十字头螺钉。
（3）钢锯、线槽剪、登高梯子、编号标签。

4. 实训步骤
（1）使用 PVC 线管设计一种从信息点到楼层机柜的水平子系统，并且绘制施工图。3～4 人成立一个项目组，选举项目负责人，每人设计一种水平子系统布线图，并且绘制图纸。项目负责人指定 1 种设计方案进行实训。
（2）按照设计图，核算实训材料规格和数量，掌握工程材料核算方法，列出材料清单。
（3）按照设计图需要，列出实训工具清单，领取实训材料和工具。

（4）首先在需要的位置安装管卡。然后安装 PVC 管，两根 PVC 管连接处使用管接头，拐弯处必须使用弯管器制作大拐弯的弯头连接。

（5）明装布线实训时，边布管边穿线。暗装布线时，先把全部管和接头安装到位，并且固定好，然后从一端向另外一端穿线。

（6）布管和穿线后，必须做好线标。

5. 实训分组

为了满足全班 40～50 人同时实训和充分利用实训设备，实训前必须进行合理的分组，保证每组的实训内容相同，难易程度相同。分组要求从机柜到信息点完成一个永久链路的水平布线实训，以不同机柜、不同布线高度、不同布线拐弯分别组合成多种布线路径实训，每个小组分配一种布线路径实训，如图 5.16 所示。具体可以按照实训设备规格和实训人数设计。

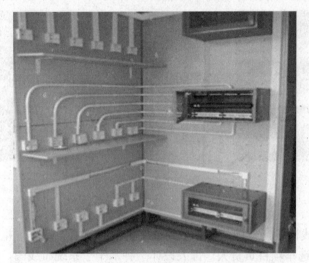

图 5.16 布线路径

6. 实训报告

（1）设计一种水平布线子系统施工图。

（2）列出实训的材料规格、型号、数量清单表。

（3）列出实训的工具规格、型号、数量清单表。

（4）使用弯管器制作大拐弯接头的方法和经验。

（5）水平子系统布线施工程序和要求。

（6）使用工具的体会和技巧。

实训 4　PVC 线槽布线

1. 实训目的

（1）通过水平子系统布线路径和距离的设计，熟练掌握水平子系统的设计。

（2）通过线槽的安装和穿线等，熟练掌握水平子系统的施工方法。

（3）通过核算、列表、领取材料和工具，训练规范施工的能力。

2. 实训要求

（1）设计一种水平子系统的布线路径和方式，并且绘制施工图。

（2）按照设计图，核算实训材料规格和数量，掌握工程材料核算方法，列出材料清单。

（3）准备实训工具，列出实训工具清单，独立领取实训材料和工具。

（4）独立完成水平子系统线槽安装和布线方法，掌握 PVC 线槽、盖板、阴角、阳角、三通的安装方法和技巧。

3. 实训材料和工具

（1）宽度为 20mm 或者 40mm 的 PVC 线槽、盖板、阴角、阳角、三通若干。

（2）电动起子、十字头螺丝刀、M6×16 十字头螺钉，如图 5.17 所示。

（3）登高梯子、编号标签。

图 5.17　实训所需部分材料和工具

4. 实训步骤

（1）使用 PVC 线槽设计一种从信息点到楼层机柜的水平子系统，并且绘制施工图。3~4 人成立一个项目组，选举项目负责人，每人设计一种水平子系统布线图，并且绘制图纸。项目负责人指定 1 种设计方案进行实训。

（2）按照设计图，核算实训材料规格和数量，掌握工程材料核算方法，列出材料清单。

（3）按照设计图需要，列出实训工具清单，领取实训材料和工具。

（4）量好线槽的长度，再使用电动起子在线槽上开 8mm 孔，如图 5.18 所示。孔位置必须与实训装置安装孔对应，每段线槽至少开两个安装孔。

图 5.18　开孔

（5）用 M6×16 螺钉把线槽固定在实训装置上，如图 5.19 所示。拐弯处必须使用专用接头，例如，阴角、阳角、弯头、三通等。不宜用线槽制作。

图 5.19　固定线槽

（6）在线槽布线，边布线边装盖板，如图 5.20 所示。
（7）布线和装盖板后，必须做好线标。

图 5.20　边布线边装盖板

实训 5　综合布线工程验收实训

1. 实训目的

掌握现场验收的内容和过程，掌握验收文档的内容。

2. 实训内容

由教师带领监理员、项目经理、布线工程师对工程施工质量进行现场验收，对技术文档进行审核验收。

3. 实训步骤

现场验收：

（1）工作区子系统验收。

① 线槽走向、布线是否美观大方，符合规范。
② 信息座是否按规范进行安装。
③ 信息座安装是否做到一样高、平、牢固。
④ 信息面板是否都固定牢靠。
⑤ 标志是否齐全。

(2) 水平干线子系统验收。
① 槽安装是否符合规范。
② 槽与槽、槽与槽盖是否接合良好。
③ 托架、吊杆是否安装牢靠。
④ 水平干线与垂直干线、工作区交接处是否出现裸线，有没有按规范去做。
⑤ 水平干线槽内的线缆有没有固定。
⑥ 接地是否正确。
(3) 垂直干线子系统验收。
垂直干线子系统的验收除了类似于水平干线子系统的验收内容外，还要检查楼层与楼层之间的洞口是否封闭，以防火灾出现时，成为一个隐患点。线缆是否按间隔要求固定。拐弯线缆是否留有弧度。
(4) 管理间、设备间子系统验收。
① 检查机柜安装的位置是否正确；规定、型号、外观是否符合要求。
② 跳线制作是否规范，配线面板的接线是否美观、整洁。
(5) 线缆布放。
① 线缆规格、路由是否正确。
② 对线缆的标号是否正确。
③ 线缆拐弯处是否符合规范。
④ 竖井的线槽、线固定是否牢靠。
⑤ 是否存在裸线。
⑥ 竖井层与楼层之间是否采取了防火措施。
(6) 架空布线。
① 架设竖杆位置是否正确。
② 吊线规格、垂度、高度是否符合要求。
③ 卡挂钩的间隔是否符合要求。
(7) 管道布线。
① 使用管孔、管孔位置是否合适。
② 线缆规格。
③ 线缆走向路由。
④ 防护设施。

技术文档验收：
(1) FLUKE 的 UTP 认证测试报告（电子文档即可）。
(2) 网络拓扑图。
(3) 综合布线材料清单表。
(4) 综合布线施工图。
(5) 信息点端口对应表。
(6) 项目竣工总结报告。

练习题

一、选择题

1. 水平干线子系统的主要功能是实现信息插座和管理子系统间的连接，其拓扑结构一般为（　　）结构。
   A．总线型　　　　　　B．星形　　　　　　C．树形　　　　　　D．环形
2. 不属于光缆测试的参数是（　　）。
   A．回波损耗　　　　　B．近端串扰　　　　C．衰减　　　　　　D．插入损耗
3. 干线子系统的设计范围包括（　　）。
   A．管理间与设备间之间的电缆
   B．信息插座与管理间、配线架之间的连接电缆
   C．设备间与网络引入口之间的连接电缆
   D．主设备间与计算机主机房之间的连接电缆
4. 安装在商业大楼的桥架，必须具有足够的支撑能力，（　　）的设计是从下方支撑桥架。
   A．吊架　　　　　　　B．吊杆　　　　　　C．支撑架　　　　　D．J形钩
5. 不属于光缆测试的参数是（　　）。
   A．回波损耗　　　　　B．近端串扰　　　　C．衰减　　　　　　D．插入损耗
6. 下列参数中，（　　）是测试值越小越好的参数。
   A．衰减　　　　　　　B．近端串扰　　　　C．远端串扰　　　　D．衰减串扰比
7. 墙面信息插座离地面的高度一般为（　　）。
   A．10cm　　　　　　　B．20cm　　　　　　C．30cm　　　　　　D．40cm
8. 用双绞线敷设水平布线系统，此时水平布线子系统的最大长度为（　　）。
   A．55m　　　　　　　B．90m　　　　　　　C．100m　　　　　　D．110m
9. 在全面熟悉施工图纸的基础上，依据图纸并根据施工现场情况、技术力量及技术装备情况，综合做出合理的施工方案。编制的内容包括（　　）。
   A．现场技术安全交底、现场协调、现场变更、现场材料质量签证和现场工程验收单
   B．施工平面布置图、施工准备及其技术要求
   C．施工方法和工序图
   D．施工质量保证
   E．施工计划网络图

二、简答题

1. 常采用的招标方式有哪3种形式？简述其适用场合和各自的优缺点。
2. 简述评标的内容和方法，如何保障评标的公正性？
3. 敷设光缆有哪些基本要求？
4. 施工过程中是否需要安排一些检测？可否留待施工结束后做验收测试？
5. 布线系统认证测试需要测试哪些参数？
6. 简述FLUKE DTX系列测试设备测试双绞线链路的步骤。
7. 综合布线工程验收的依据是什么？

第 6 章

校园网络布线设计与实现

6.1 项目引入

某高校经过长期发展,规模和实力有了显著的提升,为提高工作效率,方便教职工和学生的工作与学习,决定全面实施数字化校园工程。

数字化校园应用平台建设是以网络平台和共享型教学资源管理服务平台建设及其功能开发为基础的,在网络技术、多媒体技术上建立起来的对教学资源、科研信息、综合管理、技术服务、生活服务等校园信息的收集、处理、整合、存储、制作、传输和应用,使数字资源得到充分优化利用的一种数字化虚拟教育环境。通过实现从环境(包括设备、教室等)、资源(如图书、讲义、课件等)到应用(包括教、学、管理、服务、办公等)的全部数字化,在传统校园基础上构建一个数字空间,以拓展现实校园的时间和空间维度,提升传统校园的运行效率,扩展传统校园的业务功能,最终实现教育过程的全面信息化,从而达到提高教学管理水平和效率的目的。

6.2 项目准备

6.2.1 校园网概念

是否在学校采用最先进的信息和传播技术是一个有决定性意义的问题,而且,学校应该处于影响整个社会深刻变革的中心地位。

随着计算机多媒体和网络技术的不断发展与普及,校园网信息系统的建设,是非常必要的,也是可行的。主要表现在以下几个方面。

(1) 当前校园网信息系统已经发展到了与校际互联、国际互联、静态资源共享、动态信息发布、远程教学和协作工作的阶段，发展对学校教育现代化的建设提出了越来越高的要求。

（2）教育信息量的不断增多，使各级各类学校、家庭和教育管理部门对教育信息计算机管理和教育信息服务的要求越来越强烈。个人是否具有获得信息和处理信息的能力对于能否成功进入职业界和融入社会及文化环境都是个决定性的因素，因此学校应该培养所有学生具有驾驭和掌握这种技术的能力。另一方面，信息技术在作为青少年教育工具的同时也向青少年提供了前所未有的机会。新技术提供的机会及它们在教学方面具有的优势都是很多的，特别是计算机和多媒体系统的使用有助于个人化的道路，每个学生在个人的学习道路上都可以按照自己的速度发展。

（3）我国各级教育研究部门、软件开发单位、教学设备供应商和各级学校不断开发提供了各种在网络上运行的软件及多媒体系统，并且越来越形象化、实用化，迫切需要网络环境。

（4）现代教育改革的需要。在校园网中将计算机引入教学各个环节，从而引起了教学方法，教学手段，教学工具的重大革新。对提高教学质量，推动我国教育现代化的发展起着不可估量的作用。网络又为学校的管理者和老师提供了获取资源、协同工作的有效途径。毫无疑问，校园网是学校提高管理水平、工作效率、改善教学质量的有力手段，是解决信息时代教育问题的基本工具。

（5）随着经济发展，我国各级政府对教育的投入不断加大；计算机技术的飞速发展，使相应产品价格不断下降；同时人们的认识水平和经济实力不断提高。大量计算机进入学校和家庭，使得计算机应用于教育信息管理和信息服务是完全可行的。

Internet 在学校的应用越来越普遍，也越来越普及。据统计，美国的学校建设了校园内部信息网络并与 Internet 联通的比例高达 90%以上，国内的主要大学也已经建成或正在建设自己学校的内部信息网络。目前中国相当多学校，都建成了自己的内部网络。随着校园网络的成功建设，必将给学校的管理部门、各级行政部门、学校的教育科研带来积极的影响，提高学校的教学科研水平、管理水平和工作效率，极大地提高学校的知名度。

6.2.2 数字化校园

数字化校园应用平台建设是以网络平台和共享型教学资源管理服务平台建设及其功能开发为基础的，在网络技术、多媒体技术上建立起来的对教学资源、科研信息、综合管理、技术服务、生活服务等校园信息的收集、处理、整合、存储、制作、传输和应用，使数字资源得到充分优化利用的一种数字化虚拟教育环境。通过实现从环境（包括设备、教室等）、资源（如图书、讲义、课件等）到应用（包括教、学、管理、服务、办公等）的全部数字化，在传统校园基础上构建一个数字空间，以拓展现实校园的时间和空间维度，提升传统校园的运行效率，扩展传统校园的业务功能，最终实现教育过程的全面信息化，从而达到提高教学管理水平和效率的目的。

6.2.3 校园网中综合布线的互联设备

综合布线的主要作用是将各种网络设备和终端连接在一起。其中的网络设备主要有以下的种类。

1．中继器

信号在网络媒体上传输时会因损耗发生衰减，衰减到一定程度便导致信号失真，因此需要一个能够连续检测放大信号的底层连接设备，这就是中继器。中继器直接连接到电缆上，驱动电流传送，无须了解帧格式和物理地址，随时传递帧信息。因此，中继器就是一个物理层的硬件设备。

2. 集线器

集线器是一种特殊的中继器，不同之处在于集线器是多端口的中继器，可使连接的网络之间不干扰，若一条线路或一个结点出现故障，不会影响其他调和的正常工作。目前主流的集线器带宽主要有 10Mbps、10/100Mbps 自适应型和 100Mbps 三种，端口主要有 8 口、16 口和 24 口等。

3. 网卡

网卡是计算机与网络相连的接口设备。网卡可以接收并拆分网络传入的数据报，组装并传送计算机传出的数据报，转化并行与串行数据，产生网络信号，利用缓存区对数据进行缓存和存取控制。在接收数据时，网卡识别数据头字段中的目的地址，依据驱动器程序设置的标准判断该数据是否合法，若数据满足接收条件即合法，并向 CPU 发出中断信号，若目的地址为禁止状态则丢弃数据报。CPU 收到中断信号后产生中断，由操作系统调用程序接收并处理数据。新型的网卡采用并行机制，将整帧处理在确定帧地址后即开始转发数据，当网卡读完第一数据帧的最后字节后，CPU 就开始处理中断并转移数据。

4. 网桥

网桥同中继器一样，是连接两个网络的设备，用于扩展局域网，可以将地理位置分散或类型互异的局域网互联，也可以将一个大的单一局域网分割为多个局域网。网桥的特殊之处在于内部的逻辑电路可以随机监听网络信息并控制网络通信量，不会转发干扰信息，从而保证了整个网络的安全。网桥是数据链路层的存储转发设备，由于数据链路层分为逻辑链路控制层（LLC）和媒体访问控制层（MAC）两层，网桥工作在 MAC 子层，因此其连接的网络必须在 LLC 子层以上使用相同的协议。

5. 交换机

交换机也被称为交换式集线器，它的外观类似于多端口的集线器，每个端口连接一台计算机，负责在通信网络中进行信息交换。交换机与集线器存在着许多不同的特性。首先，集线器工作在 OSI 第 1 层（物理层），而交换机工作在 OSI 的第 2 层（数据链路层）。其次，在工作方式上，集线器采用广播方式发送信号，很容易产生网络风暴，对规模较大的网络的性能有很大的影响；而交换机工作时，只在源计算机和目的计算机之间互相作用而不影响其他计算机，当目的计算机不在地址表中时才采用广播方式转发数据，并在数据到达目的地后及时扩展自身的原有地址表，因此能够在一定程度上隔离冲突，有效防止网络风暴产生。

6. 路由器

路由器是在网络层实现互联的设备，能够对分组信息进行存储转发，路由器需要确定分组从一个网络到任意目的网络的最佳路径，因此具有协议转换和路由选择功能。路由器不关心所连接网络的硬件设备，但要求运行软件要与网络层协议一致，因此多用于异种网络互联和多个同构网络互联。

路由器为了实现最佳路由选择和有效传送分组，必须能够选择最佳的路由算法。路由表的存在支持了路由器的这种功能，表中保存了各条路径的各种信息，供路由选择时使用，包括所连接的各个网络的地址，整个网络系统中的路由器数目和下一个路由器的 IP 地址等。路由表可以在系统构建时根据配置预先由管理员设定，在系统运行过程中不会改变，也可以由路由器在路由协议支持下根据系统运行状况自动调整，计算最佳路径。

7. 防火墙

网络互联使资源共享成为可能，但共享的数据可能是机密的信息也可能是危险的病毒，这就需要一种技术或者设备，使进入网络的数据都是必要的，而输出网络的数据不会有安全隐患，防火墙正是解决这个问题的方法。防火墙的名字形象地体现了它的功能，传统的防火墙是在两个区域之间设置的关卡，起隔离或阻隔的作用，而网络中的防火墙则被安装在受保护的内部网络与外部网络的连接点上，负责检测过往的数据，将不安全的数据拦截下来，只允许那些合法的安全的数据通过。

6.3 任务1——校园网络布线需求分析

6.3.1 设计目标

某职业学院校园网工程建设，将达到以下目标：

（1）构架千兆校园网主干，实现新综合教学楼、教学楼、办公楼、实验楼、餐厅、学生宿舍楼、家属楼群的互联。

（2）每个教室、实验室、办公室、家属楼、宿舍均可实现 100M 的校园网接入，实现信息资源的充分共享。学校领导、老师、学生可以随时随地进入校园网获取校园网信息。

（3）校园网将采用 10M 光纤接入中国电信网络。

（4）校园网将设置 WWW 服务、FTP 服务、E-mail 服务、VOD 服务。

（5）校园网必须安装内容过滤器，以过滤网站不良信息。

（6）校园网将建立一个 OA 系统，以便于学校无纸化办公。

（7）校园网将构建一个完整的网络防毒系统，以有效地杜绝病毒的传播。

（8）校园网必须能进行全网的智能化管理，使系统管理员能够方便、高效地实现网络管理。

（9）校园网的建设必须为以后网络建设预留发展和扩容的空间。

（10）要求全网的交换机设备必须采用同一厂家的产品，服务器也统一品牌。全网综合布线产品必须全部统一。

6.3.2 校园网网络拓扑结构

根据校园网结构具体分析之后得出网络中心设在新综合教学楼六楼，因此各家属楼、教学楼、办公楼、实验楼、餐厅、学生宿舍楼的核心交换机将采用百兆可控网管型交换机接入。同时各家属楼、教学楼、办公楼、实验楼、餐厅、学生宿舍楼配置百兆交换机连接到核心交换机。对于核心机房也就是网络中心要求全部铺设防静电地板并做好接地和防雷措施，除此之外，还应安装一台 10kVA 的 UPS 备用电源及两个 4 小时的后备电池作为停电之需。整个校园网拓扑结构图如图 6.1 所示。

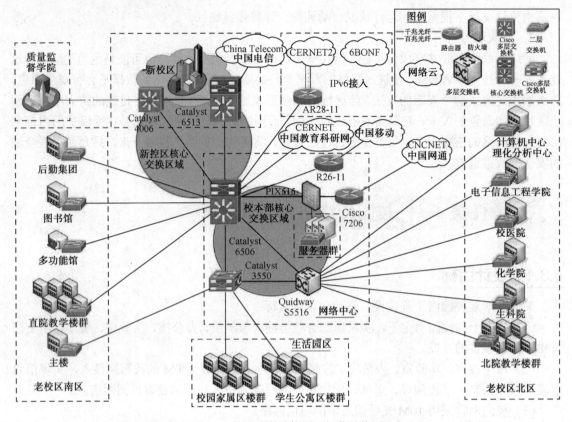

图 6.1 某职业学院校园网拓扑结构图

6.3.3 校园网信息点分布说明

校园网信息点数概略表（见表 6.1）。

表 6.1 校园网信息点数概略表

楼名	光纤配线架	铜缆配线架
家属楼	1	1
新综合教学大楼	1	2
教学楼	1	2
办公楼	1	2
实验楼	1	2
合计	5	9

6.3.4 新综合教学楼信息点分布表

新综合教学楼信息点分布表如表 6.2 所示。

表 6.2 教学楼信息点分布表

楼名	层数	信息点
新综合教学楼	1	7
	2	17
	3	19
新综合教学楼	4	17
	5	17
	6	18
合计	6	95

6.4 任务 2——数字校园中防雷接地设计

校园网中有大量线路布放在室外，防雷接地对于网络的安全起到很重要的作用，所以校园网中需要重视防雷接地工程的设计与施工问题。

6.4.1 设计依据及原则

1. 设计依据

（1）建筑物防雷设计规范 BG50057—94。
（2）电子计算机机房设计规范 GB50174—93。
（3）民用建筑电器设计规范 JGJ/T16.92。
（4）计算站场地安全要求 GB9361—88。

2. 设计原则

由于机房雷电防护系统对所保护系统的业务正常运行具有非常重要的作用，因此雷电防护系统应具备先进性、可靠性、易维护、易升级等方面的突出特性。

3. 防雷接地系统

实施防雷工程主要就是要保证机房设备安全运行，保证计算机网络的传输质量，在各点进行不同等级的防雷保护。根据办公楼的实际情况，提出以下防雷措施：

（1）对信息中心机房进行全方位的防雷接地保护。
（2）对监控机房等进行全方位的防雷接地保护。
（3）对室外摄像头进行电源、视频、控制线路进行全面保护。

机房内部防雷辅助措施：

（1）为了保证在机房内的工作人员不受静电及电磁脉冲的危害，需在静电地板下做均压网，且均压网与地板做良好的连接。使整个机房内地板的电位一致。

（2）需将静电地板下方的支撑钢架与均压网做良好的电气连接，使静电地板上积累的电荷有良好的泄放通道。

（3）将机房内所有需要接地的设备的金属表面与均压网汇流排做良好的电气连接。

6.4.2 接地保护

综合布线电缆和相关连接硬件接地是提高应用系统可靠性、抑制噪声、保障安全的重要手段。因此，设计人员、施工人员在进行布线设计施工前，都必须对所有设备，特别是应用系统设备的接地要求进行认真研究，弄清接地要求及各类地线之间的关系。如果接地系统处理不当，将会影响系统设备的稳定性，引起故障，甚至会烧毁系统设备，危害操作人员生命安全。综合布线系统机房和设备的接地，按不同作用分为直流工作接地、交流工作接地、安全保护接地、防雷保护接地、防静电接地及屏蔽接地等。

1. 机房独立接地要求

根据《电子计算机机房设计规范－GB 50174-93》中对接地的要求：交流工作接地、安全保护接地、防雷接地的接地电阻应≤4Ω，本设计的接地电阻≤2Ω，以提高安全性和可靠性。机房设独立接地体接地网，要求接地桩距离大楼基础15～20m。

2. 机房接地系统

计算机接地系统是为了消除公共阻抗的耦合，防止寄生电容耦合的干扰，保护设备和人员的安全，保证计算机系统稳定可靠运行的重要措施。如果接地与屏蔽正确地结合起来，那么在抗干扰设计上是最经济而且效果最显著的一种，因此，为了能保证计算机系统安全、稳定、可靠地运行，保证设备人身的安全，针对不同类型计算机的不同要求，设计出相应的接地系统。

3. 线路防护

进入建筑物的所有线路必须安装电涌保护器，低压配电线路应设计三级保护。
技术参数：
SPD1　选用Ⅰ级分类试验冲击电流通过幅值电流不小于35kA（10/350μs），残压小于4kV。
SPD2　选用标称放电电流不小于15kA（8/20μs），残压小于1.5kV。
SPD3　选用标称放电电流不小于3.5kA（8/20μs），残压小于1.2kV。

4. 产品验收

所有产品必须具有国家相关部级质检机构出具的检验报告。

6.5 任务3——校园光纤布线设计与施工

6.5.1 工程设计的原则和内容

1. 设计原则

- 工程设计要贯彻执行国家基本建设方针和通信技术经济性。
- 工程设计保证通信质量做到技术先进、经济合理的使用要求。
- 设计中应进行多方案比较，兼顾近期与远期通信发展的需求，合理利用已有的网络设施和装备，以保证建设项目的经济效益，不断降低工程造价的维护费用。
- 设计工作必须执行科技进步的方针，广泛采用适合我国国情的国内外成熟先进技术。

2. 敷设保护措施

光缆接头盒必须安装在人孔或手孔中常年积水水位以上的位置，并采取保护托架或其他方法承托和固定。

人孔或手孔中的光缆应采用塑料软管保护并绑扎在电缆托板上,同时采用醒目的标志,以便识别光缆编号、用途和规格等内容。

3. 机房内光缆

机房内光缆一般从局前人孔经地下室引至光端机。机房内路由复杂,应采取人工布放,上下楼道及每个转弯处,应有专人指挥牵引,保持光缆呈松弛状态,避免打小圈和死弯出现。预留在光端机侧的光缆盘成缆圈后,固定在电缆进线室或光端机室内。

4. 光缆预留长度

敷设方式分别为直埋、管道、架空,要求自然弯曲增加长度分别为 7m/km、5m/km、7～10m/km。人孔内弯曲增加长度每个人孔为 1m,杆上预留长度 0.2m,接头每侧预留长度 10～15m,设备每侧预留长度 15～20m。

6.5.2 传输的设计

光传输再生段距离由光纤衰减和色散等因素决定。不同的系统,由于各种因素的影响程度不同,再生段距离的设计方式也不同。在实际的工程应用中,设计方式分为两种情况,第一种情况是衰减受限系统,即再生段距离根据 S 和 R 点之间的光通道衰减决定。第二种是色散受限系统,即再生段距离根据 S 和 R 点之间的光通道色散决定。以上主要针对的是长途光缆和多中继光缆的传输设计考虑。

1. 敷设环境和条件

光缆的外护层要达到阻水、防潮、耐腐蚀、对鼠咬或白蚁严重的地方采用金属带皱纹纵包或尼龙护套层加以保护。

2. 光纤类型选用

单模光纤我们推荐使用 G.652(非色散位移光纤)光纤,主要应用在 1310nm 波长区开通长距离 622Mbps 及其以下系统,在 1550nm 波长区开通 2.5Gbps,10Gbps 和 N*2.5Gbps 波分复用系统。多模光纤我们推荐使用普通中心束管轻铠式光缆,主要应用在 850nm 波长区及 1310nm 波长区开通近距离 1.0Gbps 及其以下系统。

6.5.3 光缆选型

1. 局域网(LAN)光缆

室内外并用光缆系列:采用紧密填充的设计,可以安装在托盘上、管道里或悬装于架空缆上,完全适用于室外或室内的干线电缆安装。而且该系列电缆采用防火、防紫外线(UV)护套,其结构坚固而柔软,便于机房安装。我们的室内外并用光缆能够采用多模、单模、或者两种混合结构,并且有 1～144 根光纤芯数供用户选择。

室外光缆系列:室外光缆设计的最高水平,配备防水设计的缆芯和缆管及防紫外套。这种结构设计使光缆直径最小,光纤芯数可为 1～144 芯。此光缆系列实为应用于建筑物间的干线或广域网的连接线的最佳选择。

2. 光纤传输介质的产品品牌选取

所选用的传输介质产品品牌应严格遵循设计标准:IEEE 802 标准、EIA/TIA 568 工业标准及国际商务建筑布线标准、ISO11801 标准。

根据以上对传输介质的选用要求，应该选择知名品牌的产品，在室外要选用专用的室外光缆，它由钢带包裹双钢丝加强，可以减少机械损伤，防止鼠咬，且应具有以下特点：

- 具备 UL/CUL 认证。
- 符合 ISO/IEC IS 11801、EN50173、EN50167、EN50169 和 EIA/TIA568A 的规定。
- 符合更加严格的 EMC 的 EN55022 标准。
- 全部线缆都符合标准且在正常情况下运行状况优良。
- 具有 3P/SGS 认证。
- 传输速率高。
- 均提供线缆色标标签。
- PVC 型　阻燃符合 IE332—1 标准。
- FRPE 型（LSFROH）

低烟，符合 IEC1034 标准。

阻燃，符合 IEC332—3C 标准。

无卤，符合 IEC754—1 标准。

3. 信号传输部件

信号传输部件和传输介质附件宜选用和光缆品牌相同的部件。

6.5.4　光缆布线

1. 主干光缆布线方法

建筑物主干光缆通常在竖井中敷设，有两种方法可供选择：

- 向下垂放。
- 向上牵引。

在一般情况下，向下垂放较向上牵引容易一些。

向下垂放光缆步骤如下：

（1）将光缆卷轴安放在离建筑层槽孔 1~1.5m 处，固定卷轴，确保光缆卷轴在整个施工时间内都是垂直的，放置卷轴时要使光缆的末端处在顶部位置，然后从卷轴顶部牵引光缆。

（2）转动光缆卷轴并将光缆从其顶部牵出。在对光缆牵引时必须保证不超过最小弯曲半径和最大张强的规定。

（3）将光缆引导进入槽孔中。如果是一个小孔，则首先需要安装一个塑料导向板，其作用是防止光缆与混凝土边侧产生摩擦而导致光缆的损坏。如果下放光缆的开孔较大，则在孔的中心安装一个滑车轮，然后把光缆拉出并绕到车轮上去。

（4）将光缆卷轴上的光缆缓慢地向下牵引，直到下一层上的人能将光缆引入到下一个槽孔中为止。

（5）建筑群光缆布线。

2. 建筑群之间的光缆布线有 3 种方法

- 地下管道敷设，即在地下管道中敷设光缆。
- 直接地下掩埋敷设。
- 架空敷设，即在空中从电线杆到电线杆敷设。

在上述 3 种方法中，以地下管道敷设为最好，也是被广泛使用的一种方法。

3. 光缆敷设施工的技术要求

（1）光缆敷设过程中，光缆最小转弯半径 20cm，防止光缆打结，特别是打死结。

（2）光缆敷设过程中，人力牵引或机械牵引径向牵引力需小于 100kg，并且受力在外包装胶层或钢丝上。距离较长时应分段多处同时牵引。

（3）在光缆敷设过程中，避免操作光缆胶层，防止汽车等重物横向碾压。

（4）光缆敷设到达所指定的配线柜后，应再留 10～15m 的余量，以方便接续工作。

（5）光缆在电缆槽中敷设时，光缆要和已有线缆平行，不得与其他线缆扭绞在一起。

（6）在光缆进入配线间时，应注意管道的进口或出口处的边沿是否平滑，应用套管加以保护。

（7）光缆由建筑物的电缆竖井进入配线间，在竖井中敷设光缆时，为了减少光缆上的负荷，应在一定的间隔上用缆夹或缆带将光缆扣在桥架或垂直线槽上。用缆带固定光缆的步骤如下：

① 用所选的带，由缆的顶部开始，将主干光缆扣在垂直线槽上。

② 由上而下，在指定的间隔（约定 2m）上安装带，直到主干光缆被牢固地扣住。

③ 在光缆通道中将光缆插入预留孔的套筒中，光缆被固定后，用水泥将水孔填满，如是大孔，应将其中的光缆松弛地捆起来。

④ 光缆的端接在挂墙式的光纤接线盒中进行，主干光缆由光缆接线盒的入线孔进入，要用光缆夹将光缆完全固定，不能使其松动。剥出纤芯的长度以 1m 为限。待熔接完成后，将纤芯按顺序排列在光纤盒的绕线盘中，在盘绕时，一定要注意纤芯的弯曲半径。将纤芯排好后，要按色标和序号在尾纤上标明标签。

6.6 综合布线系统工程概预算

综合布线概预算是综合布线设计环节的一部分，它对综合布线项目工程的造价估算和投标估价及后期的工程决算都有很大的影响。

根据工程技术要求及规模容量，需要先设计绘制出施工图纸。按设计施工图纸统计工程量并乘以相应的定额即可概预算出工程的总体造价，此过程即综合布线工程的概预算。统计工程量时，尽量要与概预算定额的分部、分项工程定额子目划分相一致，按标准化要求进行统计，以便采用计算机编制概预算，采用综合布线工程概预算编制计算机管理系统。

6.6.1 综合布线系统工程概预算概述

建设工程的概（预）算是对工程造价进行控制的主要依据，它包括设计概算和施工图预算。设计概算是设计文件的重要组成部分，应严格按照批准的可行性研究报告和其他有关文件进行编制。施工图预算则是施工图设计文件的重要组成部分，应在批准的初步设计概算范围内进行编制。

概（预）算必须由持有勘察设计证书资格的单位编制。同样，其编制人员也必须持有信息工程概（预）算资格证书。

综合布线系统的概（预）算编制办法，原则上参考通信建设工程概算、预算编制办法作为依据，并应根据工程的特点和其他要求，结合工程所在地区，按地区（计委）建委颁发有关工程概算、预算定额和费用定额编制工程概（预）算。如果按通信定额编制布线工程概预算，则参照《通信建设工程概算、预算编制办法及定额费用》及邮部[1995]626号文要求进行。

1. 概算的作用
- 概算是确定和控制固定资产投资、编制和安排投资计划、控制施工图预算的主要依据。
- 概算是签订建设项目总承包合同、实行投资包干及核定贷款额度的主要依据。
- 概算是考核工程设计技术经济合理性和工程造价的主要依据之一。
- 概算是筹备设备、材料和签订订货合同的主要依据。
- 概算在工程招标承包制中是确定标底的主要依据。

2. 预算的作用
- 预算是考核工程成本、确定工程造价的主要依据。
- 预算是前定工程承、发包合同的依据。
- 预算是工程价款结算的主要依据。
- 预算是考核施工图设计技术经济合理性的主要依据之一。

3. 概算的编制依据
- 批准的可行性研究报告。
- 初步建设或扩大初步设计图纸、设备材料表和有关技术文件。
- 建筑与建筑群综合布线工程费用有关文件。
- 通信建设工程概算定额及编制说明。

4. 预算的编制依据
- 批准初步设计或扩大初步设计概算及有关文件。
- 施工图、通用图、标准图及说明。
- 《建筑与建筑群综合布线》预算定额。
- 通信工程预算定额及编制说明。
- 通信建设工程费用定额及有关文件。

5. 概算文件的内容
- 工程概况、规模及概算总价值。
- 编制依据：依据的设计、定额、价格及地方政府有关规定和信息产业部未作统一规定的费用计算依据说明。
- 投资分析：主要分析各项投资的比例和费用构成，分析投资情况，说明建设的经济合理性及编制中存在的问题。
- 其他需要说明的问题。

6. 预算文件的内容
- 工程概况，预算总价值。
- 编制依据及对采用的收费标准和计算方法的说明。
- 工程技术经济指标分析。
- 其他需要说明的问题。

6.6.2 综合布线工程的工程量计算原则

1. 工程量计算要求

（1）工程量的计算应按工程量计算规则进行，即工程量项目的划分、计量单位的取定、有关系数的调整换算等。

（2）工程量的计算无论是初步设计，还是施工图设计，都要依据设计图纸计算。

（3）工程量的计算方法各不相同，而我们要求从事概预算的人员，应在总结经验的基础上，找出计算工程量中影响预算及时性和准确性的主要矛盾，同时还要分析工程量计算中各个分项工程量之间的共性和个性关系，然后运用合理的方法加以解决。

2. 计算工程量应注意的问题

（1）熟悉图纸。要及时地计算出工程量，就要熟悉图纸，看懂有关文字说明，掌握施工现场有关的问题。

（2）要正确划分项目和选用计量单位。所划分的项目和项目排列的顺序及选用的计量单位应与定额的规定完全一致。

（3）计算中采用的尺寸要符合图纸的要求。

（4）工程量应以安装就位的净值为准，用料数量不能作为工程量。

（5）对于小型建筑物和构筑物可另行单独规定计算规则或估列工程量和费用。

3. 工程量计算的顺序

（1）顺时针计算法，即从施工图纸右上角开始，按顺时针方向逐步计算，但一般不采用。

（2）横竖计算法或称坐标法，即以图纸的轴线或坐标为工具分别从左到右，或从上到下逐步计算。

（3）编号计算方法，即按图纸上注明的编号分类进行计算，然后汇总同类工程量。

6.6.3 综合布线工程概预算的步骤程序

1. 概、预算的编制程序

（1）收集资料，熟悉图纸。

（2）计算工程量。

（3）套用定额，选用价格。

（4）计算各项费用。

（5）复核。

（6）拟写编制说明。

（7）审核出版，填写封皮，装订成册。

2. 引进设备安装工程概、预算编制

（1）引进设备安装工程概、预算的编制是指引进设备的费用、安装工程费用及相关的税金和费用的计算。无论从何国引进，除必须编制引进的设备价款外，一律先按设备到岸价（CIF）的外币折成人民币价格，再按本办法有关条款进行概、预算的编制。

（2）引进设备安装工程应由国内设备单位作为总体设计单位，并编制工程总概、预算。

（3）引进设备安装工程概、预算编制的依据为经国家或有关部门批准的订货合同、细目及价格，国外有关技术经济资料及相关文件，国家及原邮电行业通信工程概、预算编制办法、定额和有关规定。

（4）引进设备安装工程概、预算应用两种货币形式表现，外币表现可用美元。

（5）引进设备安装工程概、预算除包括本办法和费用定额规定的费用外，还包括关税、增值税、工商统一费、进口调节税、海关监理费、外贸手续费、银行财务费和国家规定应记取的其他费用，其记取标准和办法按国家和相关部门有关规定办理。

3. 概、预算的审批

（1）设计概算的审批。设计概算由建设单位主管部门审批，必要时可由委托部门审批；设计概算必须经过批准方可作为控制建设项目投资及编制修正概算的依据。设计概算不得突破批准的可行性研究报告投资额，若突破时，由建设单位报原可行性研究报告批准部门审批。

（2）施工图预算的审批。施工图预算应由建设单位审批；施工图预算需要由设计单位修改，由建设单位报主管部门审批。

4. 综合布线工程概预算编制软件

随着计算机的普及和应用，近年来相关技术单位开发出了综合布线工程概预算编制软件。市场上有建筑行业概预算软件可以引用综合布线内容，也有专门为综合布线工程设计的概预算软件。

6.6.4 综合布线系统的预算设计方式

1. IT 行业的预算设计方式

IT 行业的预算设计方式取费的主要内容一般由材料费、施工费、设计费、测试费、税金等组成。如表 6.3 所示为 IT 行业的预算设计方式取费实例。

表 6.3 IT 行业的预算设计方式取费实例

序号	名称	单价	数量	金额（元）
1	信息插座（含模块）	100 元/套	130 套	13 000
2	五类 UTP	1 000 元/箱	12 箱	12 000
3	线槽	6.8 元/m	600 m	4 080
4	48 口配线架	1 350 元/个	2 个	2 700
5	配线架管理环	120 元/个	2 个	240
6	钻机及标签等零星材料	/	/	1 500
7	设备总价（不含测试费）			33 520
8	设计费（5%）			1 676
9	测试费（5%）			1 676
10	督导费（5%）			1 676
11	施工费（15%）			5 028
12	税金（3.41%）			1 140
13	总计			78 236

2. 建筑行业的预算设计方式

建筑行业流行的设计方案取费是按国家的建筑预算定额标准来核算的。

一般由下述内容组成：材料费、人工费（直接费小计、其他直接费、临时设施费、现场经费）、直接费、企业管理费、利润、税金、工程造价和设计费等。

（1）核算材料费与人工费。

由分项布线工程明细项的定额进行累加求得材料费与人工费。

（2）核算其他直接费。

① 其他直接费=人工费×费率，如费率取 28.9%。

② 临时设施费=（人工费+人工其他直接费）×费率，如费率取 14.7%。

③ 现场经费=（人工费+人工其他直接费）×费率，如费率取 18.8%。

④ 其他直接费合计=其他直接费+临时设施费+现场经费。

（3）核算各项规定取费。

① 直接费=材料费+工程费+其他直接费合计。

② 企业管理费=人工费×费率，如费率取 103%。

③ 利润=人工费×费率，如费率取 46%。

④ 税金=（直接费+企业管理费+利润）×费率，如费率取 3.4%。

⑤ 小计=①+②+③+④。

⑥ 建筑行业劳保统筹基金=⑤×费率，如费率取 1%。

⑦ 建材发展补充基金=⑤×费率，如费率取 2%。

⑧ 工程造价=⑤+⑥+⑦。

⑨ 设计费=工程造价×费率，如费率取 10%。

⑩ 合计=⑧+⑨。

6.6.5　建筑与建筑群综合布线系统预算定额参考

1. 敷设管路

（1）敷设钢管：管材检查、配管、锉管内口、敷管、固定、试通、接地、伸缩及沉降处理、做标记等。

（2）敷设硬质 PVC 管：管材检查、配管、锉管内口、敷管、固定、试通、做标记等。

（3）敷设金属软管：管材检查、配管、敷管、连接接头、做标记等。

敷设管路定额如表 6.4 所示。

表 6.4　敷设管路定额

定额编号			TX8-001	TX8-002	TX8-003	TX8-004	TX8-005
项目			敷设钢管（100 m）		敷设硬质 PVC 管（100 m）		敷设金属软管（根）
			ϕ25 mm 以下	ϕ50 mm 以下	ϕ25 mm 以下	ϕ50 mm 以下	
名称		单位	数量				
人工	技工	工日	2.63	3.95	1.76	2.64	—
	普工	工日	10.52	15.78	7.04	10.56	0.40
主要材料	钢管	m	103.00	103.00	—	—	—
	硬质 PVC 管	m	—	—	105.00	105.00	—
	金属软管	m	—	—	—	—	*
	配件	套	*	*	*	*	*

续表

定额编号		TX8-001	TX8-002	TX8-003	TX8-004	TX8-005
项 目		敷设钢管（100 m）		敷设硬质PVC管（100 m）		敷设金属软管（根）
		ϕ25 mm 以下	ϕ50 mm 以下	ϕ25 mm 以下	ϕ50 mm 以下	
名 称		单位	数 量			
主要材料						
机械	交流电焊机（21kV·A 以内）	台班	0.60	0.90	—	—

2. 敷设线槽

（1）敷设金属线槽：线槽检查、安装线槽及附件、接地、做标记、穿墙处封堵等。

（2）敷设塑料线槽：线槽检查、测位、安装线。

敷设线槽定额如表 6.5 所示。

表 6.5 敷设线槽定额

定额编号			TX8-006	TX8-007	TX8-008	TX8-009	TX8-010
项 目			敷设金属线槽			敷设塑料线槽	
			150 mm 宽以下	300 mm 宽以下	300 mm 宽以上	100 mm 宽以下	100 mm 宽以上
名 称		单位	数 量				
人工	技工	工日	5.85	7.61	9.13	3.51	4.21
	普工	工日	17.55	22.82	27.38	10.53	12.64
主要材料	金属线槽	m	105.00	105.00	105.00	—	—
	塑料线槽	m	—	—	—	105.00	105.00
	配件	套	*	*	*	*	*
机械							

3. 安装过线（路）盒和信息插座底盒（接线盒）

工作内容：开孔、安装盒体、密封连接处。

安装过线盒和信息插座底盒定额如表 6.6 所示。

表 6.6 安装过线盒和信息插座底盒定额

定额编号			TX8-011	TX8-012	TX8-013	TX8-014	TX8-015	TX8-016	TX8-017
项 目			安装过线（路）盒（半周长)		安装信息插座底盒（接线盒）				
			200 mm 以下	200 mm 以上	明装	砖墙内	混凝土墙内	木地板内	防静电钢质地板内
名 称		单位	数 量						
人工	技工	工日	—	0.90	—	—	—	—	—
	普工	工日	0.40	0.40	0.40	0.98	1.37	0.84	1.68
主要材料	过线（路）盒	个	10.00	10.00	—	—	—	—	—
	信息插座底盒或接线盒	个	—	—	10.20	10.20	10.20	10.20	10.20
机械									

4. 安装桥架

工作内容：固定吊杆或支架、安装桥架、墙上钉固桥架、接地、穿墙处封堵、做标记等。安装桥架定额如表 6.7 和表 6.8 所示。

表 6.7 安装桥架定额

定额编号			TX8-018	TX8-019	TX8-020	TX8-021	TX8-022	TX8-023
项 目			安装吊装式桥架			安装支撑式桥架		
			100 mm 宽以下	300 mm 宽以下	300 mm 宽以上	100 mm 宽以下	300 mm 宽以下	300 mm 宽以上
名 称		单位	数 量					
人工	技工	工日	0.37	0.41	0.45	0.28	0.31	0.34
	普工	工日	3.33	3.66	4.03	2.52	2.77	3.05
主要材料	桥架	m	10.10	10.10	10.10	10.10	10.10	10.10
	配件	套	*	*	*	*	*	*
机械								

表 6.8 安装桥架定额（续）

定额编号			TX8-024	TX8-025	TX8-026
项目			垂直安装桥架		
			100 mm 宽以下	300 mm 宽以下	300 mm 宽以上
名 称		单位	数 量		
人工	技工	工日	0.17	0.22	0.29
	普工	工日	1.36	1.77	2.30
主要材料	桥架	m	10.10	10.10	10.10
	立柱	m	—	—	—
	配件	套	*	*	*
机械					

5. 开槽

工作内容：画线定位、开槽、水泥砂浆抹平等。

开槽定额如表 6.9 所示。

表 6.9 开槽定额

定额编号			TX8-027	TX8-028
项目			开槽	
			砖槽	混凝土槽
名 称		单位	数 量	
人工	技工	工日	—	—
	普工	工日	0.07	0.28
主要材料	水泥#325	kg	1.00	1.00
	粗砂	kg	3.00	3.00
机械				

6. 安装机柜、机架、接线箱、抗震底座

工作内容：开箱检查、清洁搬运、安装固定、附件安装、接地等。

安装机柜、机架、接线箱、抗震底座定额如表 6.10 所示。

表 6.10 安装机柜、机架、接线箱、抗震底座定额

定额编号			TX8-029	TX8-030	TX8-031	TX8-032
项目			安装机柜、机架（架）		安装接线箱（个）	制作安装抗震底座（个）
			落地式	墙挂式		
名 称		单位	数 量			
人工	技工	工日	2.00	3.00	2.70	1.67
	普工	工日	0.67	1.00	0.90	0.83
主要材料	机柜（机架）	个	1.00	1.00	—	—
	接线箱	个	—	—	1.00	—
	抗震底座	个	—	—	—	1.00
	附件	套	*	*	*	*
机械						

7．布放线缆

（1）布放电缆。

管、暗槽内穿放电缆。

① 工作内容：检验、抽测电缆、清理管（暗槽）、制作穿线端头（钩）、穿放引线、穿放电缆、做标记、封堵出口等。

穿放电缆定额如表 6.11 所示。

表 6.11 穿放电缆定额

定额编号			TX8-033	TX8-034	TX8-035	TX8-036	TX8-037
项目			穿放 4 对对绞电缆	穿放大对数对绞电缆			
				非屏蔽 50 对以下	非屏蔽 100 对以下	屏蔽 50 对以下	屏蔽 100 对以下
名 称		单位	数 量				
人工	技工	工日	0.85	1.20	1.68	1.32	1.85
	普工	工日	0.85	1.20	1.68	1.32	1.85
主要材料	对绞电缆	m	102.50 103.00	102.50	102.50	103.00	103.00
	镀锌铁线 $\phi1.5$ mm	kg	0.12	0.12	0.12	0.12	0.12
	镀锌铁线 $\phi4.0$ mm	kg	—	1.80	1.80	1.80	1.80
	钢丝 $\phi1.5$ mm	kg	0.25	—	—	—	—
机械							

② 桥架、线槽、网络地板内明布电缆。

工作内容：检验、抽测电缆、清理槽道、布放、绑扎电缆、做标记、封堵出口等。

明布电缆定额如表 6.12 所示。

表 6.12 桥架、线槽、网络地板内明布电缆定额

定额编号		TX8-038	TX8-039	TX8-040
项目		明布 4 对对绞电缆	明布大对数对绞电缆	
			50 对以下	100 对以下
名 称	单位	数 量		
人工	技工	工日	0.51	0.96	0.29
	普工	工日	0.51	0.96	2.30
主要材料	4 对对绞电缆	m	102.50 / 103.00	—	10.10
	50 对以下对绞电缆	m	—	102.50 / 103.00	—
	100 对以下对绞电缆	m	—	—	102.50 / 103.00
机械					

（2）布线光缆、光缆外护套、光纤束。

① 管道、暗槽内穿放光缆：检验、测试光缆、清理管（暗槽）、制作穿线端头（钩）、穿放引线、穿放光缆、出口衬垫、做标记、封堵出口等。

② 桥架、线槽、网络地板内明布光缆：检验、测试光缆、清理槽道、布放、绑扎光缆、加垫套、做标记、封堵出口等。

③ 布放光缆护套：清理槽道、布放、绑扎光缆护套、加垫套、做标记、封堵出口等。

④ 气流法布放光纤束：检验、测试光纤、检查护套、气吹布放光纤束、做标记、封堵出口等。

光缆布线定额如表 6.13 所示。

表 6.13 布线光缆、光缆外护套、光纤束定额

定额编号		TX8-041	TX8-042	TX8-043	TX8-44
项目		管、暗槽内穿放光缆	桥架、线槽、网络地板内明布光缆	布放光缆护套	气流法布放光纤束
名 称	单位	数 量			
人工	技工	工日	1.36	0.90	0.90	0.89
	普工	工日	1.36	0.90	0.90	0.13
主要材料	光缆	m	102.00	102.00	—	—
	光缆护套	m	—	—	102.00	—
	光纤束	m	—	—	—	102.00
机械	气流敷设机（套）	台班				0.02

8. 缆线终接

（1）缆线终接和终接部件安装。

① 卡接对绞电缆：编扎固定对绞缆线、卡线、做屏蔽、核对线序、安装固定接线模块（跳线盘）、做标记等。

线缆终接和终接部件安装定额如表 6.14 所示。

表 6.14 缆线终接和终接部件安装定额

定额编号			TX8-045	TX8-046	TX8-047	TX8-048
项 目			卡接 4 对对绞电缆（配线架侧）（条）		卡接大对数对绞电缆（配线架侧）（100 对）	
			非屏蔽	屏蔽	非屏蔽	屏蔽
名 称		单位	数 量			
人工	技工	工日	0.06	0.08	1.13	1.50
	普工	工日	—	—	—	—
主要材料						
机械						

② 安装 8 位模块式信息插座：固定对绞线、核对线序、卡线、做屏蔽、安装固定面板及插座、做标记等。

信息插座安装定额如表 6.15 所示。

表 6.15 信息插座安装定额

定额编号			TX8-049	TX8-050	TX8-051	TX8-052	TX8-053	TX8-054
项 目			安装 8 位模块式信息插座				安装光纤信息插座	
			单 口		双 口		双口	4 口
			非屏蔽	屏蔽	非屏蔽	屏蔽		
名 称		单位	数 量					
人工	技工	工日	0.45	0.55	0.75	0.95	0.30	0.40
	普工	工日	0.07	0.07	0.07	0.07	—	—
主要材料	8 位模块式信息插座（单口）	个	10.00	10.00	—	—	—	—
	8 位模块式信息插座（双口）	个	—	—	10.00	10.00	—	—
	光纤信息插座（双口）	个	—	—	—	—	10.00	—
	光纤信息插座（4 口）	个	—	—	—	—	—	10.00
机械								

注：安装双口以上 8 位模块式信息插座的工日定额在双口的基础上乘以系数 1.6

③ 安装光纤信息插座：编扎固定光纤、安装光纤连接器及面板、做标记等。
④ 安装光纤连接盘：安装插座及连接盘、做标记等。
⑤ 光纤连接：端面处理、纤芯连接、测试、包封护套、盘绕、固定光纤等。
⑥ 制作光纤连接器：制装接头、磨制、测试等。

光纤连接定额如表 6.16 所示。

表6.16 光纤连接定额

定额编号			TX8-055	TX8-056	TX8-057	TX8-058	TX8-059	TX8-060	TX8-061
项 目			安装光纤连接盘（块）	光纤连接					
				机械法（芯）		熔接法（芯）		磨制法（端口）	
				单模	多模	单模	多模	单模	多模
名 称		单位	数 量						
人工	技工	工日	0.65	0.43	0.34	0.50	0.40	0.50	0.45
	普工	工日	—	—	—	—	—	—	—
主要材料	光纤连接盘	块	1.00	—	—	—	—	—	—
	光纤连接器材	套	—	1.01	1.01	1.01	1.01	—	—
主要材料	磨制光纤连接器材	套	—	—	—	—	—	1.05	1.05
机械	光纤熔接机	台班	—	—	—	0.03	0.03	—	—

（2）制作跳线。

工作内容：量裁缆线、制作跳线连接器、检验测试等。

制作跳线定额如表6.17所示。

表6.17 制作跳线定额

定额编号			TX8-062	TX8-063	TX8-064
项 目			电缆跳线	光纤跳线	
				单模	多模
名 称		单位	数 量		
人工	技工	工日	0.08	0.95	0.81
	普工	工日	—	—	—
主要材料	4对对绞线	m	*	—	—
	光缆	m	—	*	*
	跳线连接器	个	2.20	2.20	2.20
机械					

9. 综合布线系统测试

工作内容：测试、记录、编制测试报告等。

布线系统测试定额如表6.18所示。

表6.18 布线系统测试定额

定额编号			TX8-065	TX8-066	TX8-067
项 目			电缆链路测试	光纤链路测试	
				单光纤	双光纤
名 称		单位	数 量		
人工	技工	工日	0.10	0.10	0.10
	普工	工日	—	—	—

续表

定额编号		TX8-065	TX8-066	TX8-067
项目		电缆链路测试	光纤链路测试	
			单光纤	双光纤
名称	单位	数量		
主要材料				
机械				

实训 1　使用 AutoCAD 绘制综合布线图

1. 实训目的
（1）熟悉 AutoCAD 的基本操作。
（2）掌握布线基本模块的绘制。
（3）掌握综合布线系统图的绘制。

2. 实训要求
（1）绘制基本模块。
（2）绘制综合布线系统图。

3. 实训设备、材料和工具
（1）基本配置的电脑。
（2）AutoCAD 软件。

4. 实训步骤
（1）绘制图例（外部块）。
① 绘制路由器（见图 6.2）。
② 绘制接线端子（见图 6.3）。
③ 绘制分配线架（见图 6.4）。

图 6.2　路由器图例　　　图 6.3　接线端子图例　　　图 6.4　分配线架图例

④ 绘制 12 口光纤配线架（见图 6.5）。
⑤ 绘制主配线架（见图 6.6）。
⑥ 绘制区域主配线架（见图 6.7）。
（2）绘制 1 号楼综合布线图。
本例从中间画起，即先画配线架，再画两边。

图 6.5　12 口光纤配线架图例

图 6.6　主配线架图例

图 6.7　区域主配线架图例

① 画第一层设备图（见图 6.8）。
② 复制其他 5 层设备图（见图 6.9）。
③ 画主设备（见图 6.10）。

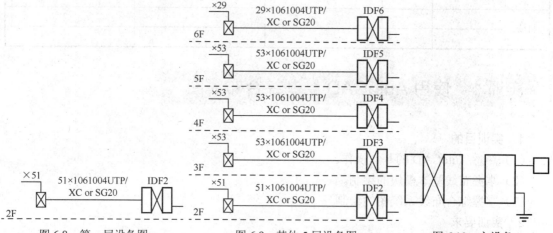

图 6.8　第一层设备图　　　图 6.9　其他 5 层设备图　　　图 6.10　主设备

④ 画连接线（见图 6.11）。

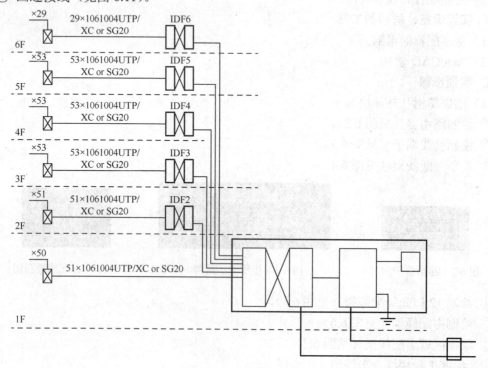

图 6.11　连接线

⑤ 标注电缆说明（见图6.12）。

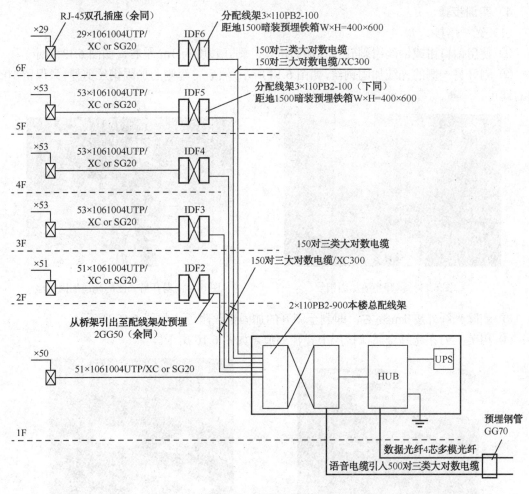

图 6-12　标注电缆说明

实训2　室内多模主干光缆接头施工

1. 实训目的
（1）认识室内多模主干光缆组成结构。
（2）认识光缆熔接机，熟悉其操作技巧和熔接方法。
（3）掌握多模光缆熔接技能。

2. 实训要求
（1）认识室内多模主干光缆组成结构。
（2）认识光缆熔接机，并熟悉其操作技巧和熔接方法。
（3）完成一根室内多模光缆的熔接。

3. 实训设备、材料和工具
（1）光纤熔接机、配套工具各一套。

（2）室内多模主干光缆 1 根，1m 尾纤若干。

4. 实训步骤

（1）光纤熔接。

① 使用偏口钳或钢丝钳剥开光缆加固钢丝，剥开长度为 1m 左右，如图 6.13 所示。

② 剥开另一侧的光缆加固钢丝，如图 6.14 所示，然后将两侧的加固钢丝剪掉，只保留 10cm 左右即可。

图 6.13　剥开光缆加固钢丝

图 6.14　剥开另一侧的光缆加固钢丝

③ 剥除光纤外皮 1m 左右，即剥至剥开的加固钢丝附近，如图 6.15 所示。

④ 用美工刀在光纤金属保护层上轻轻刻痕，如图 6.16 所示。

图 6.15　剥除光纤外皮

图 6.16　在金属保护层上刻痕

⑤ 折弯光纤金属保护层并使其断裂，折弯角度不能大于 45°，以避免损伤其中的光纤，如图 6.17 所示。

⑥ 用美工刀在塑料保护管四周轻轻刻痕，如图 6.18 所示，不要太过用力，以免损伤光纤。也可以使用光纤剥线钳完成该操作。

图 6.17　折弯光纤金属保护层

图 6.18　在塑料保护管上刻痕

⑦ 轻轻折弯塑料保护管并使其断裂,如图 6.19 所示,弯曲角度不能大于 45°,以免损伤光纤。

⑧ 将塑料保护管轻轻抽出,露出其中的光纤,如图 6.20 所示。

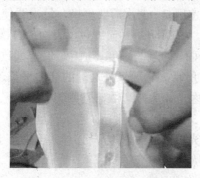

图 6.19 折弯塑料保护管

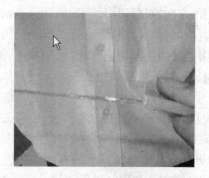

图 6.20 抽出塑料保护管

⑨ 用较好的纸巾蘸上高纯度酒精,使其充分浸湿,如图 6.21 所示。

⑩ 轻轻擦拭和清洁光缆中的每一根光纤,去除所有附着于光纤上的油脂,如图 6.22 所示。

图 6.21 浸湿纸巾

图 6.22 擦拭和清洁光纤

⑪ 为欲熔接的光纤套上热塑套管,如图 6.23 所示。热缩套管主要用于在光纤对接好后套在连接处,经过加热形成新的保护层。

⑫ 使用光纤剥线钳剥除光纤涂覆层,如图 6.24 所示。剥除光纤涂覆层时,要掌握"平"、"稳"、"快"三字剥纤法。"平",即持纤要平。左手拇指和食指捏紧光纤,使之成水平状,所露长度以 5cm 为准,余纤在无名指、小拇指之间自然打弯,以增加力度,防止打滑。"稳",即剥纤钳要握得稳。"快",即剥纤要快。剥纤钳应与光纤垂直,向上方内倾斜一定角度,然后用钳口轻轻卡住光纤右手,随之用力,顺光纤轴向平推出去,整个过程要自然流畅,一气呵成。

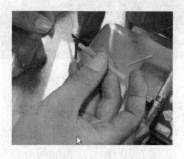

图 6.23 套上光纤热缩套管

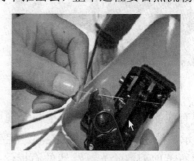

图 6.24 剥除光纤涂覆层

⑬ 用蘸酒精的潮湿纸巾将光纤外表擦拭干净，如图 6.25 所示。注意观察光纤剥除部分的包层是否全部去除，若有残余则必须去掉。如有极少量不易剥除的涂覆层，可以用脱脂棉球蘸适量无水酒精擦除。将脱脂棉撕成平整的扇形小块，蘸少许酒精，折成 V 形，夹住光纤，沿着光纤轴的方向擦拭，尽量一次成功。一块脱脂棉使用 2～3 次后要更换，每次要使用脱脂棉的不同部位和层面，这样既可提高脱脂棉的利用率，又可防止对光纤包层表面的二次污染。

⑭ 用光纤切割器切割光纤，使其拥有平整的断面。切割的长度要适中，保留大致 2～3cm。光纤端面制备是光纤接续中的关键工序，如图 6.26 所示。它要求处理后的端面平整、无毛刺、无缺损，且与轴线垂直，呈现一个光滑平整的镜面区，并保持清洁，避免灰尘污染。光纤端面质量直接影响光纤传输的效率。端面制备的方法有 3 种。

- 刻痕法：采用机械切割刀，用金刚石刀在光纤表面垂直方向划一道刻痕，距涂覆层 10mm，轻轻弹碰，光纤在此刻痕位置上自然断裂。
- 切割钳法：利用一种手持简易钳进行切割操作。
- 超声波电动切割法。

这 3 种方法只要器具良好、操作得当，光纤端面的制备效果都非常好。

图 6.25 擦拭光纤

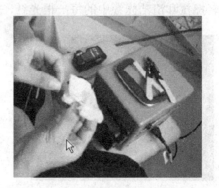
图 6.26 光纤端面制备

⑮ 将切割好的光纤置于光纤熔接机的一侧，如图 6.27 所示。
⑯ 在光纤熔接机上固定好该光纤，如图 6.28 所示。

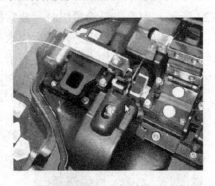
图 6.27 置于光纤熔接机一侧

图 6.28 固定好光纤

⑰ 如果有成品尾纤，可以取一根与光缆同种型号的光纤跳线，从中间剪断作为尾纤使用，如图 6.29 所示。注意光纤连接器的类项一定要与光纤终端盒的光纤适配器相匹配。
⑱ 使用石英剪刀剪除光纤跳线的石棉保护层，如图 6.30 所示。剥除的外保护层之间长度

至少为 20cm。

图 6.29　用光纤跳线制作尾纤

图 6.30　剪除石棉保护层

⑲ 使用光纤剥线钳剥除光纤涂覆层，如图 6.31 所示。
⑳ 用蘸酒精的潮湿纸巾将尾纤中的光纤擦拭干净，如图 6.32 所示。

图 6.31　剥好的光纤

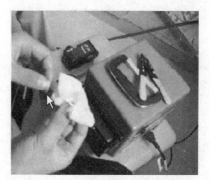

图 6.32　擦拭光纤

㉑ 使用光纤切割器切割光纤跳线，保留大致 2～3cm，如图 6.33 所示。
㉒ 将切割好的尾纤置于光纤熔接机的另一侧，并使两条光纤尽量对齐，如图 6.34 所示。

图 6.33　切割光纤跳线

图 6.34　放置尾纤

㉓ 在熔接机上固定好尾纤，如图 6.35 所示。
㉔ 按 SET 键开始光纤熔接，如图 6.36 所示。
㉕ 两条光纤的 x、y 轴将自动调节，并显示在屏幕上，如图 6.37 所示。
㉖ 熔接结束后，观察损耗值，如图 6.38 所示。若熔接不成功，光纤熔接机会显示具体原因。熔接好的接续点损耗一般低于 0.005dB 以下方认为合格。若高于 0.005dB 以上，可用手动

熔接按钮再熔接一次。一般熔接次数 1~2 次为最佳，若超过 3 次，熔接损耗反而会增加，这时应断开重新熔接，直至达到标准要求为止。如果熔接失败，可重新剥除两侧光纤的绝缘包层并切割，然后重复熔接操作。

图 6.35　固定好尾纤　　　　　　　　　图 6.36　开始光纤熔接

图 6.37　自动调节　　　　　　　　　　图 6.38　观察损耗值

㉗ 若熔接通过测试，则用光纤热缩管完全套住剥掉绝缘包层的部分，如图 6.39 所示。

㉘ 将套好热缩管的光纤放到加热器中，如图 6.30 所示。由于光纤在连接时去掉了接续部位的涂覆层，使其机械强度降低，一般要用热缩管对接续部位进行加强保护。热缩管应在光纤剥覆前穿入，严禁在光纤端面制备后再穿入。将预先穿置光纤某一端的热缩管移至光纤连接处，使熔接点位于热缩管中间，轻轻拉直光纤接头，放入光纤熔接机的加热器内加热。热缩管加热收缩后紧套在接续好的光纤上，由于此管内有一根不锈钢棒，因此增加了抗拉强度。

图 6.39　套热缩管　　　　　　　　　　图 6.40　放到加热器中

㉙ 按 HEAT 键开始对热缩管进行加热，如图 6.41 所示。
㉚ 稍等片刻，取出已加热好的光纤，如图 6.42 所示。

图 6.41　对热缩管加热

图 6.42　取出已加热好的光纤

㉛ 重复上述操作，直至该光缆中所有光纤全部熔接完成。
㉜ 将已熔接好光纤的热缩管置入光缆接续盒的固定槽中，如图 6.43 所示。
㉝ 在光纤接续盒中将光纤盘好，并用不干胶纸进行固定，如图 6.44 所示。
操作时务必轻柔小心，以避免光纤折断。同时，将加固钢丝折弯且与终端盒固定，并使用尼龙扎带进一步加固。

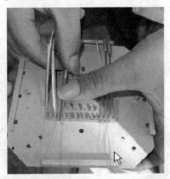

图 6.43　置入固定槽

图 6.44　固定光纤

（2）光纤接头快速接续——UniCam 光纤快速接头。
① 打开 UniCam 光纤快速接头工具包，如图 6.45 所示。
② 给光纤套上套管并去除光纤外皮。首先剪掉多余的纤芯，接着给光纤套上套管。之后用剥线刀去除光纤纤最外层绝缘套。最后使用剪刀剪掉束状纤维。如图 6.46 所示为剥离外皮的光纤。

图 6.45　UniCam 光纤快速接头工具包

图 6.46　剥离外皮的光纤（须替换）

③ 剥离纤芯外护层和涂覆层，取出米勒钳，使用米勒钳上 V 形口剥离纤芯外护层约 8cm，剥离时 V 形口应与尾纤呈 30°斜角，如图 6.47 所示。接着使用米勒钳 V 形口与尾纤呈 30°斜角剥离尾纤涂覆层约 6.5cm，如图 6.48 所示。

图 6.47　使用米勒钳剥离纤芯外护层

图 6.48　使用米勒钳剥离纤芯涂覆层

④ 光纤端面制备。从工具包中取出酒精棉纱，给刚制备的纤芯清洗，清洗过程中分 3 次以不同的方向清洗，以保证纤芯 360°完全清洁。接着拿出 UniCam 光纤切割刀（见图 6.49），同时按下两个按钮打开夹具，将光纤放入夹具中，松开按钮关闭夹具。接着将旋钮旋转一下（任意方向均可）。断纤固定端施加拉力，刀片切割光纤，然后按下光纤固定按钮取出切割好的光纤。

小提示： 尾纤处理。按下断纤固定按钮取出废光纤，将切下的废光纤放入断纤放置盒中（见图 6.50）。

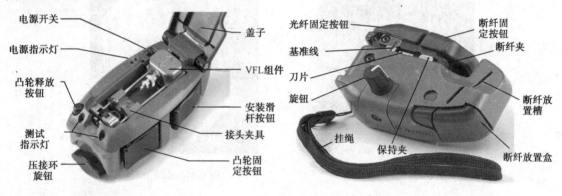

图 6.49　UniCam 光纤切割刀　　　　　　　　图 6.50　尾纤处理

⑤ 制备光纤接头。首先打开盖子并按下电源按钮，电源指示灯显示为 On，按下安装滑竿按钮并插入接头，将 VFL 适配器滑到接头上关闭盖子以激活激光光源；接着插入光纤并按下凸轮固定按钮（凸轮旋转 90°，接续锁定）；之后参考测试指示灯的指示：绿灯=成功，红灯=失败。

⑥ 取出已制备好的光纤接头。旋转压接环旋钮并打开盖子（激光光源关闭），接着推回 VFL 适配器，然后按下安装滑竿按钮并取出接头。

5. 实训报告

(1) 以表格形式写清楚实训材料和工具的数量、规格和用途。
(2) 详述光纤熔接、UniCam 光纤快速接头注意事项。
(3) 比较光纤熔接与 UniCam 光纤快速接头优缺点。
(4) 实训体会和操作技巧。

实训 3　综合布线性能认证测试

1. 实训目的

（1）初步掌握依照《综合布线工程验收规范》（GB50312—2007）现场性能认证测试的内容，并能理解各种测试参数。

（2）掌握现场性能认证测试仪的使用方法。

（3）掌握综合布线系统电缆基本链路和通道链路的区别和测试方法。

2. 实训要求

（1）熟练操作电缆认证分析仪。

（2）完整完成认证测试工作。

（3）撰写实训报告。

3. 实训环境、设备及参考标准

（1）FLUKE DTX 电缆认证分析仪，如图 6.51 所示。

图 6.51　FLUKE DTX 1800 示意图

（2）竣工项目所供实训环境。

（3）《综合布线工程验收规范》GB 50312—2007 一套。

4. 实训内容和步骤

（1）利用 FLUKE DTX 电缆分析仪完成双绞线电缆基本链路的认证测试（见图 6.52）并打印最终布线线缆参数测试报告。测试内容包括：

- 接线图测试 Wire Map
- NVP 校准及长度测试 Length
- 衰减测试 Attenuation
- 近端串扰测试 NEXT
- 衰减串扰比 ACR
- 回波损耗 Return Loss

- 时延偏离 Delay Skew
- 特性阻抗 Impedance

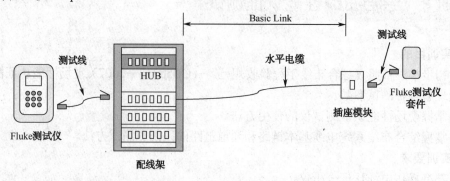

图 6.52　基本链路（BASIC LINK）认证测试（插座模块位于实训墙上）

（2）利用 FLUKE DTX 电缆分析仪完成双绞线电缆通道链路的认证测试（见图 6.53）并打印最终布线线缆参数测试报告。测试内容包括：
- 接线图测试 Wire Map
- NVP 校准及长度测试 Length
- 衰减测试 Attenuation
- 近端串扰测试 NEXT
- 衰减串扰比 ACR
- 回波损耗 Return Loss
- 时延偏离 Delay Skew
- 特性阻抗 Impedance

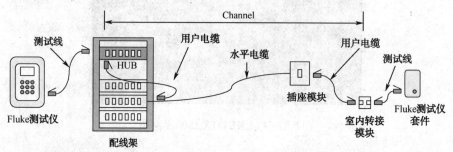

图 6.53　通道链路（CHANNEL）认证测试（插座模块位于实训墙）

（3）测试报告整理及备份。

5. 实训报告

（1）编写一份完整的现场性能认证测试报告。

（2）总结电缆认证测试中出现的各种故障，并编写技术文档。

（3）写出 FLUKE DTX 认证测试仪的功能及使用方法。

附件1：室内综合布线工程施工协议

室内综合布线工程施工协议

委托方（以下简称甲方）：　　　　　　　　　　　　　联系电话：

施工队（以下简称乙方）：　　　　　　　　　　　　　联系电话：

甲乙双方本着友好合作的态度，按照《合同法》等相关法律，在平等公正的情况下签订如下合同

一、工程概况

工程地址：

二、价格

清包工费：¥_____元，大写：_____。

三、付款方式

1. 施工队进场，预支开工费：_____元。
2. 线缆拉线架设完成，付_____元。
3. 线路测试调试竣工，付_____元。
4. 弱电设备安装竣工，付_____元（如有）。
5. 保修金__元，从竣工之日起1年后支付_____元。

四、设计

1. 甲方若有图纸，需向乙方提供图纸一套，并负责交底工作。
2. 甲方若无图纸，需向乙方交代清楚要求，乙方施工前需画草图让甲方认可。

五、材料

1. 乙方应提前3天向甲方提供需购材料清单，甲方应在4天内及时采购材料供施工队使用，双方应各自承担各自拖延工期的责任和经济损失。
2. 未经甲方同意，乙方不得自行采购材料，若已采购，甲方有权无条件拒绝使用并可拒绝支付该材料的费用。
3. 乙方应在甲方指定的建材供应点购买材料，并开具正式发票。
4. 乙方应验收甲方所购建材的质量，发现质量问题应向甲方及时提出并有权拒绝使用。若甲方坚持使用，应书面要求乙方，并承担因材料质量导致的损失。
5. 乙方应帮甲方收货，核对数量和配件的准确性。
6. 乙方应做好材料的保管工作，禁止闲杂人等进入工地现场。
7. 乙方应保证在本工程区域内没有双包和半包的工程。
8. 乙方应做好对施工完成的成品保护工作。
9. 未经甲方许可，乙方不得携带任何布线材料出门，若发现此类现象，按材料价格加倍从人工费中扣除。

六、工期

从____年__月__日起至____年____月____日止，工期为__天，因甲方导致工期顺延，乙方可以向甲方提出延误人工费补偿，因乙方导致拖延工期，甲方可扣除乙方人工费50元/天。

七、材料搬运

甲方材料送至工程所在地的,乙方任何施工人员应无条件搬运。

八、垃圾清运

1. 垃圾袋装化。
2. 垃圾应日日清。
3. 垃圾应由乙方清运至物业指定的垃圾堆放场所。

九、劳动力管理

1. 开工前乙方应向甲方提供所有施工人员的身份证复印件。
2. 未经甲方许可,非工地施工人员不得在工地过夜。
3. 甲方应及时替乙方办理工程场地出入证件并支付相关费用。
4. 乙方应具备在____暂住的一切证件,因证件不全引起的相关损失由乙方自行承担。
5. 乙方指定由____为工地现场负责人,____为替补负责人。
6. 在合同价内,乙方有义务提供____人次跟随甲方挑选材料。
7. 乙方未经甲方同意不得任意调换施工人员,每天工地现场必须保持2(1人)人以上的施工人员。
8. 未经甲方同意,任何情况下乙方不得停工或怠工。

十、施工机具

1. 乙方自带施工所需工具和测试仪器,并保证工具和测试仪器的安全性和良好使用性,乙方自行承担工具维修费。
2. 因工具和测试仪器所产生的易耗品(如接头、小型设备器材等)由甲乙双方各自承担一半,甲方代购,在工程完工后结算。

十一、工地现场管理

1. 现场禁止使用明火。
2. 现场禁止吸烟。

十二、维修

1. 因乙方导致的质量问题,乙方应在两年内无偿维修。
2. 普通维修乙方应在甲方通知乙方后三天内及时维修,特殊情况(断电,掉落,主干断网等问题)乙方必须在24小时内赶到并维修。

十三、合同附件

1. 施工项目清单。
2. 双方认可的工程施工报价单。
3. 乙方开出的辅助材料采购清单。

十四、合同争议

1. 出现争议甲乙双方先协商。
2. 协商不成可向争议所在地法院提起诉讼。

十五、安装要求

1. 弱电线路安装时,必须用有合格证书的布线产品材料。
2. 弱电线路按国际通行方式——综合布线 EIA/TAI 568B 标准施工。电源采用三线制安装必须用三种不同色标。原则上,红色、黄色、蓝色为火线色标、蓝色、绿色、白色为零线色标,黑色、黄绿彩线为接地色标。

3. 所有线缆在安装时，必须用相应的 PVC 管子和钢管穿起来，埋在事先凿好的深宽为 4cm×3cm 的槽子里，如遇并排线路槽子凿宽时，不能影响其他工种施工，必要时可和其他装修，如土建工协商解决施工中的难题，不得有只顾自己而不顾大局的施工作风。

4. 所有线路必须按横平竖直的方向分布，严禁蛛网式分布。PVC 管和钢管一头要穿进总线槽约 3cm 左右，然后沿墙壁，顺地面垂直分布，转弯处用 90°弯头或软管连接好，并用管卡固定好。所有线缆在 PVC 管子和钢管里不能有接头。

5. 预埋线缆的管道直径大小是按线缆的外经的功率和穿过的电缆数量来测算的，必须保证管道内有 30%的预留空间。

6. 必须隐蔽的管线应在业主或其代表验收合格后方可进行隐蔽作业，竣工交验前应向业主提供室内管线的竣工图。

7. 乙方应按建筑与建筑群综合布线系统工程验收规范 GBT/T 50312-2000 进行施工。

8. 甲方委托乙方购买的材料，乙方在购买和运抵施工现场前其制造厂商、品牌、规格、单价等需征得业主认可，应有品质保证书和有效发票，否则甲方有权拒绝验收或提出退货、返工及赔偿损失。

9. 保证体现原先商定好的弱点布线施工设计思想，不能擅自改动。如有变化，必须征得甲方同意。

10. 甲方购买的由生产商、供应商、销售商负责上门安装的设备（如网络设备、电脑设备、监控设备等），在上门安装时，乙方应积极做好相关的辅助配合工作（包括所购的材料、设备等协助搬运至现场）。

11. 除上述布线要求外，如有增加工作，不超过工程的 5%，不增加工资。

12. 工程为清包，甲方只提供材料。施工工具等设备由乙方自备自理。

13. 乙方必须保证施工质量，发生施工质量问题，乙方应及时予以改正。如竣工验收时如发现质量问题，施工单位应立即予以改正，在未达到甲方的整改要求前，甲方有权拒付人工费。

14. 施工人员要文明施工，禁止野蛮施工。如要爱护室内原有设施，甲方所有的物品未经许可，不得擅自处理等。甲方对表现不好的施工人员有权要求掉换，乙方不得拖延。

15. 乙方负责及时清理建筑垃圾至规定位置，工程施工结束后，施工人员负责场内建筑垃圾清运，完毕后方可立离场。

16. 乙方应加强对现场施工人员的防火防盗安全教育，施工人员不得在施工现场违法乱纪，一旦发生问题，后果自负。

十六、附加条款

甲 方： 乙 方：

签 章： 签 章：

签约日期： 签约日期：

练习题

一、选择题

1. 回波损耗测量反映的是电缆的（　　）性能。
   A. 连通性　　　　　B. 抗干扰特性　　　C. 物理长度　　　　D. 阻抗一致性

2. 不属于光缆测试的参数是（　　）。
   A. 回波损耗　　　　B. 近端串扰　　　　C. 衰减　　　　　　D. 插入损耗

3. 工程竣工后施工单位应提供下列哪些符合技术规范的结构化综合布线系统技术档案材料？（　　）
   A. 工程说明　　　　　　　　　　　　　B. 测试记录
   C. 设备、材料明细表　　　　　　　　　D. 工程决算

4. 在全面熟悉施工图纸的基础上，依据图纸并根据施工现场情况、技术力量及技术装备情况，综合做出的合理的施工方案。编制的内容包括（　　）。
   A. 现场技术安全交底、现场协调、现场变更、现场材料质量签证和现场工程验收单
   B. 施工平面布置图、施工准备及其技术要求
   C. 施工方法和工序图
   D. 施工质量保证
   E. 施工计划网络图

5. 下列有关综合布线系统的设计原则中叙述正确的是（　　）。
   A. 综合布线属于预布线，要建立长期规划思想，保证系统在较长时间的适应性，很多产品供应商都有15年或20年的保证。
   B. 当建立一个新的综合布线系统时，应采用结构化综合布线标准，不能采用专属标准
   C. 设计时应考虑到更高速的技术而不应只局限于目前正在使用的技术，以满足用户将来的需要
   D. 在整个布线系统的设计施工过程上应保留完整的文档

二、简答题

1. 敷设光缆有哪些基本要求？
2. 简述FLUKE DTX系列测试设备测试双绞线链路的步骤。
3. 综合布线工程验收的依据是什么？
4. 简述双绞线电缆以及光缆的类别和特点。试比较双绞线电缆和光缆的优缺点。
5. 建筑群布线有几种方法？比较它们的优缺点。
6. 光缆主要有哪些类型？应如何选用？

参 考 文 献

[1] 黎连业．网络综合布线系统与施工技术．北京：机械工业出版社，2007．
[2] 王公儒．综合布线实训指导书．北京：机械工业出版社，2014．
[3] 王公儒．综合布线工程实用技术．北京：中国铁道出版社，2011．
[4] 王公儒，樊果．智能管理系统工程实用技术．北京：中国铁道出版社，2012．
[5] 徐伟，赵庆华．网络综合布线系统与施工技术．北京：国防工业出版社，2002．
[6] 张家超，何洪磊．网络工程与综合布线实用教程．北京：中国电力出版社，2004．
[7] 陈晴．网络组建与维护（第2版）．北京：电子工业出版社，2014．
[8] 杜思深，刘晓琪，柳渊，付晓研．综合布线．北京：清华大学出版社，2006．
[9] 王磊．网络综合布线实训教程（第二版）．北京：中国铁道出版社，2009．
[10] 李京宁．网络综合布线出版．北京：机械工业出版社，2015．

反侵权盗版声明

电子工业出版社依法对本作品享有专有出版权。任何未经权利人书面许可，复制、销售或通过信息网络传播本作品的行为，歪曲、篡改、剽窃本作品的行为，均违反《中华人民共和国著作权法》，其行为人应承担相应的民事责任和行政责任，构成犯罪的，将被依法追究刑事责任。

为了维护市场秩序，保护权利人的合法权益，我社将依法查处和打击侵权盗版的单位和个人。欢迎社会各界人士积极举报侵权盗版行为，本社将奖励举报有功人员，并保证举报人的信息不被泄露。

举报电话：（010）88254396；（010）88258888
传　　真：（010）88254397
E-mail：　dbqq@phei.com.cn
通信地址：北京市万寿路173信箱
　　　　　电子工业出版社总编办公室
邮　　编：100036